内蒙古常见鸟类手绘图鉴

内蒙古自然博物馆／编著

天地精灵

内蒙古人民出版社

图书在版编目（CIP）数据

天地精灵／内蒙古自然博物馆编著. — 呼和浩特：
内蒙古人民出版社，2022.12
（内蒙古常见鸟类手绘图鉴）
ISBN 978-7-204-17436-2

Ⅰ．①天… Ⅱ．①内… Ⅲ．①鸟类-内蒙古-少儿读
物 Ⅳ．①Q959.708-49

中国国家版本馆 CIP 数据核字（2023）第 009998 号

天地精灵

作　　者	内蒙古自然博物馆	
策划编辑	贾睿茹	
责任编辑	孙　超	
责任监印	王丽燕	
封面设计	王宇乐　宋双成	
出版发行	内蒙古人民出版社	
地　　址	呼和浩特市新城区中山东路 8 号波士名人国际 B 座 5 层	
网　　址	http://www.impph.cn	
印　　刷	内蒙古爱信达教育印务有限责任公司	
开　　本	787mm×1092mm　1/16	
印　　张	10.75	
字　　数	200 千	
版　　次	2022 年 12 月第 1 版	
印　　次	2023 年 5 月第 1 次印刷	
书　　号	ISBN 978-7-204-17436-2	
定　　价	50.00 元	

如发现印装质量问题，请与我社联系。联系电话：（0471）3946120

"内蒙古常见鸟类手绘图鉴"丛书
编委会

主　　编：李陟宇　康　艾

执行主编：刘治平　郭　斌　梁　洁

副 主 编：曾之嵘　陆睿琦　冯泽洋

编　　委：马飞敏　王　嵋　陈延杰　李　榛　孙炯清

　　　　　王淑春　清格勒　郜　捷　郝　琦　徐鹏懿

　　　　　鲍　洁　王姝琼　高伟利　张　茗　娜日格乐

　　　　　李　杰　侯佳木　安　娜　张　洁　崔亚男

　　　　　董　兰　张宇航　石　宇　杜　月　吕继敏

　　　　　廖　爽　徐冰玉　萨楚拉　王晓敏　刘亚东

　　　　　贠锦晨　陈晓雪　许　阳　季　洁

扫码搭乘
观鸟专列

微信扫一扫

认识 内 蒙 古 的神奇鸟儿

📍 第一站：鸟类科普站

一起走进鸟类王国，探秘"羽"众不同的鸟儿！

鸳鸯会爬树？杜鹃和苇莺是宿敌？麻雀的嘴巴大小随季节变化？

第二站：高能游戏馆 📍

鸟儿对对碰｜鸟儿知多少｜拼图大作战

高能挑战赛，谁是最强游戏王？

📍 第三站：观鸟云台

拍照识鸟｜听音辨鸟｜观鸟笔记

领取观鸟工具，制作个人专属观鸟手册！

前 言

PREFACE

　　"天苍苍，野茫茫，风吹草低见牛羊。"提起内蒙古，你首先会想到什么？是一望无际的大草原、莽莽的大兴安岭林海，还是浩瀚的沙漠？或许，那个天宽地阔、景色壮美的内蒙古你从未知晓。

　　你知道吗？在每天清晨的同一时间，生长在大兴安岭的樟子松已经开始沐浴晨光，而生长在阿拉善的胡杨林仍被星辰笼罩，这就是东西直线距离约 2400 千米，跨越祖国东北、华北和西北的内蒙古。在这片总面积 118.3 万平方千米的广袤大地上铺展着森林、草原、河湖和荒漠。

多样的自然环境造就了内蒙古鸟类的多样性和复杂性，这里是众多鸟类的家园。截至 2020 年，内蒙古自治区共有 497 种鸟类，其中叫声婉转多变的蒙古百灵是内蒙古自治区的区鸟，金雕、大鸨和东方白鹳等是国家一级重点保护野生动物。近年来，随着鸟类研究的深入，内蒙古鸟类分布的新纪录也在不断地被刷新。

鸟类是人类的朋友，也是自然界不可或缺的一分子。鸟类有独特的外形、习性和繁殖方式，它们翱翔于天际，让无数人关注和向往。同时，它们也用色彩斑斓的羽毛和悦耳动听的鸣声为自然增添了无尽的诗情画意。

"内蒙古常见鸟类手绘图鉴"丛书根据鸟类的生态类群分为三册，即《无冕歌王》《天地精灵》和《水域之子》。在这套书中，您可以欣赏到 200 多种由专业插画师手绘的鸟类，同时可以了解它们的多彩世界。

爱因斯坦曾说他没有特别的天赋，只是拥有强烈的好奇心，他的好奇心带他开启了人类伟大的发现。希望这套图书中丰富的知识、奇妙的资讯和精美的插画也可以激发大家的好奇心，并唤起大家对自然的热爱。自然是最伟大的艺术家，而鸟类则是自然的杰作，让我们一起欣赏、珍惜这些与我们共享着同一片天空的美丽生灵！

鸟类的身体部位

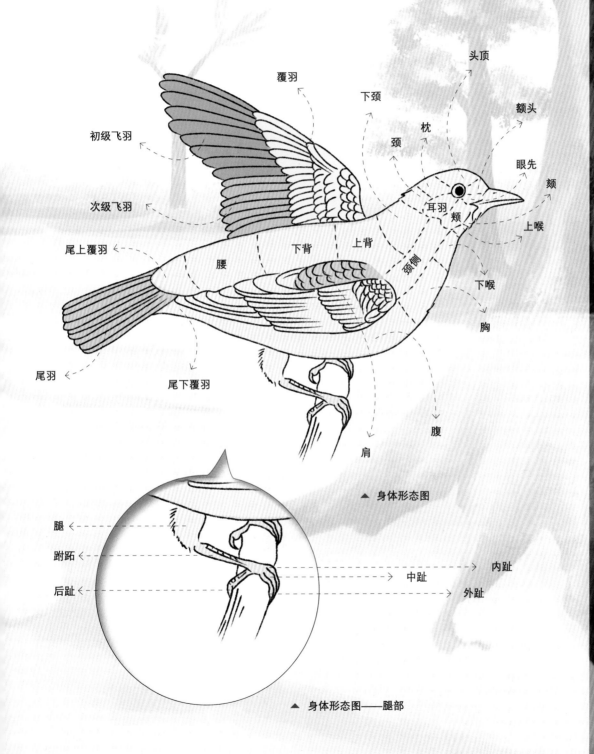

覆羽

头顶

下颈

枕

颈

额头

眼先

颏

初级飞羽

耳羽

颊

上喉

次级飞羽

尾上覆羽

下背

上背

颈侧

下喉

腰

胸

尾羽

尾下覆羽

腹

肩

▲ 身体形态图

腿

跗跖

内趾

中趾

后趾

外趾

▲ 身体形态图——腿部

阅读指南

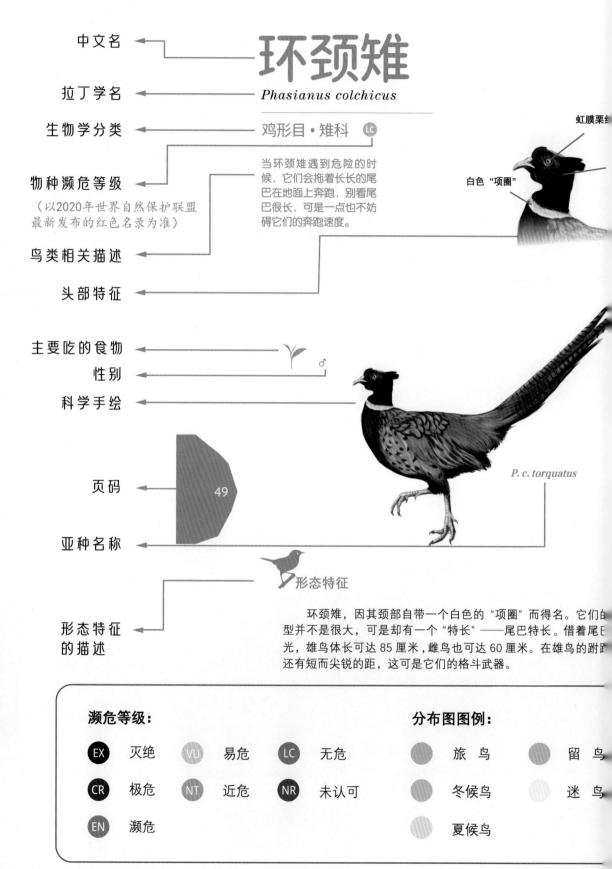

中文名 ← **环颈雉**

拉丁学名 ← *Phasianus colchicus*

生物学分类 ← 鸡形目·雉科 🄻🄲

物种濒危等级
（以2020年世界自然保护联盟最新发布的红色名录为准）

当环颈雉遇到危险的时候，它们会拖着长长的尾巴在地面上奔跑，别看尾巴很长，可是一点也不妨碍它们的奔跑速度。

鸟类相关描述

头部特征

虹膜栗红

白色"项圈"

主要吃的食物

性别 ♂

科学手绘

页码 49

亚种名称

P. c. torquatus

形态特征

形态特征的描述

环颈雉，因其颈部自带一个白色的"项圈"而得名。它们的
型并不是很大，可是却有一个"特长"——尾巴特长。借着尾B
光，雄鸟体长可达 85 厘米，雌鸟也可达 60 厘米。在雄鸟的跗距
还有短而尖锐的距，这可是它们的格斗武器。

濒危等级：

EX 灭绝　**VU** 易危　**LC** 无危

CR 极危　**NT** 近危　**NR** 未认可

EN 濒危

分布图图例：

旅 鸟　留 鸟

冬候鸟　迷 鸟

夏候鸟

繁殖行为

繁殖行为 —————→ **繁殖行为的描述**

（包括求偶、筑巢、孵卵和哺育后代等一系列的复杂行为）

每年的 2 月到 7 月，雄性环颈雉会整理好自己的着装，梳理好自己的尾羽，然后发出"咯咯"的叫声来吸引雌鸟，雌鸟一旦进入领地后便成为了雄鸟的配偶。一只雄鸟会有多个配偶。

分布图

（图示为鸟类在内蒙古的分布情况。根据中国观鸟记录中心的数据，并结合了历史数据和近年来发表的新纪录情况绘制）

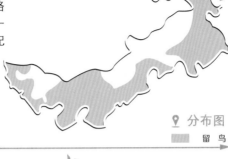

📍 分布图

▨ 留鸟

手绘线稿

▲ 鸣叫

生活习性 —————→ **生活习性的描述**

环颈雉会根据季节的变化调整自己的食谱，春天喜欢吃一些刚发芽的嫩草，夏天喜欢吃一些昆虫或其他小型无脊椎动物，秋天喜欢吃一些植物的种子和果实，冬天喜欢吃一些谷物，真可谓是"吃神"了。

♀

有趣的知识点

文化链接 —————→ **与鸟类相关的文化知识**

你知道吗？

环颈雉属于"三有"动物，你知道是哪"三有"吗？

这"三有"可不是社会中所谓的有钱、有房、有车，环颈雉是有重要生态、科学和社会价值的陆生野生动物。

在我国的历史上，雄鸡是诗词歌赋中的常客，也是书画艺术家画上的主角，甚至和中国戏曲也是颇有渊源，演员的头部装饰常会选用各类雉鸡的尾羽。

50

看画图例：

r.：繁殖羽	sum.：夏羽	♂：雄鸟	juv.：幼鸟
on-br.：非繁殖羽	win.：冬羽	♀：雌鸟	imm.：未成年鸟
esh：新换羽	1st win.：第一年冬羽	ad.：成鸟	

CONTENTS

目录 CONTENTS

01

02

陆禽篇

鸡形目
Section 1

雉科

03/

鹰形目
Section 1

猛禽篇

鹗科

鹰科

鸮形目
Section 2

鸱鸮科

隼形目
Section 3

隼科

04

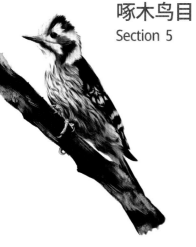

界：动物界
Animalia
（包含目前地球上已经鉴
的所有动物）

门：脊索动物门
Chordata
（在个体发育的整个过程或某一
时期具有脊索、背神经管以及鳃裂的
动物）

纲：鸟纲
Aves
（体表被羽、前肢特化成翼、适
于飞翔的脊椎动物）

目：鹤形目
Gruiformes
（通常形态差别很大，除少数种类
外，一般为涉禽）

科：鹤科
Gruidae
（这一类鸟的体态优美，除少数种
类外，有细长的颈、喙和腿）

属：鹤属
Grus
（包括丹顶鹤、沙丘鹤和灰鹤等）

种：丹顶鹤
Grus japonensis
（仅指丹顶鹤这一个物种）

什么是鸟？

你是谁？我们每个人出生之后会有一个身份证来证明自己的身份，通过身份证可以了解一个人的信息，由此来识别这个世界上独一无二的你。其实，在我们身边出现的各种动物、植物等生物，它们也有自己的"身份证"，用来证明自己的身份。

生物学家依据物种的形态结构等特征，将生物按照共同特征的多少或者亲缘关系的远近，依次划分为界、门、纲、目、科、属、种，并给所有的物种赋予不同的拉丁学名加以识别，从而建立起每一个物种独特的档案信息。下面让我们来认识一下仙气飘飘的丹顶鹤的"身份证"吧！

丹顶鹤的"身份"信息如左图所示。其实每一个生物都有一个这样的"身份证"。

所以，到底什么是鸟呢？

有人说，会飞的就是鸟。可是，蝙蝠会飞，它是鸟吗？

有人说，身上长毛的就是鸟。可是，红毛猩猩体被长毛，它是鸟吗？

有人说，会下蛋的就是鸟。可是，乌龟也会下蛋，它是鸟吗？

有人说，有脊椎的就是鸟。可是，鱼类也有脊椎，它是鸟吗？

……

其实，鸟类是一种综合了上述所有特征的动物，即体表被覆羽毛、有翼、恒温和卵生的高等脊椎动物。

鸟类的起源

　　我们是从何而来呢？有关这一问题，相信很多人都认真地思考过。世间万物，都有自己的源头。当我们抬起头望向天空时，会见到熟悉的喜鹊、麻雀和云雀等自然之灵，会听到从窗外传来的清脆的鸟鸣声，我们与鸟儿共享一片蓝天。你是否好奇过这些美丽的生灵是从何而来的呢？

这些美丽的生灵从何而来？

其实，早在 19 世纪 60 年代，许多科学家就已经开始致力于探索鸟类的起源。1861 年 9 月 30 日，采石工人在德国巴伐利亚采石场发现了一件带羽毛的化石。这件化石标本保存得基本完整，只是头骨部分有缺失，据考古学家推测，地层年代大约在侏罗纪晚期。这件化石标本的发现为鸟类的起源研究提供了重要线索，同时，更有力地支持了伟大的科学家达尔文的生物进化思想，对人类揭开物种演化的神秘面纱具有重要作用。

这个化石标本就是始祖鸟化石。它既显示出原始爬行动物具有牙齿等特征，又显示出现代鸟类具有羽毛等特征。科学界一直普遍认为始祖鸟和鸟类之间存在联系的主要原因就是羽毛。假如石化的羽毛没有被保存下来，始祖鸟很可能不会和鸟类联系在一起。

始祖鸟 ▶

都有羽毛

红脚隼 ▶

中华龙鸟

　　1996 年，在我国辽宁北票四合屯发现了一件保存精美的化石标本，不仅保存了骨骼、巩膜环甚至内脏印痕，还有丝状结构的羽毛痕迹，所以给它取名为中华龙鸟，拉丁名为 *Sinosauropteryx*，意为"来自中国的长有翅膀的蜥蜴"。

▲
中华龙鸟化石

　　早先中华龙鸟被认为是一种原始鸟类，但随着研究的深入，古生物学家发现这种丝状结构的羽毛和现代鸟类的羽毛有一定的差异，而它的身体大小和形态特征却和小型兽脚类恐龙——美颌龙相似，所以最终认定中华龙鸟是一种恐龙。

中华龙鸟化石标本是极其珍贵的过渡类型化石标本，它的发现为鸟类的恐龙起源假说提供了直接依据。这一假说可以追溯到 1870 年，英国博物学家赫胥黎发现鸵鸟的后腿结构与小型兽脚类恐龙的后腿结构的共同特点有 35 处之多。之后又相继发现了原始热河鸟、孔子鸟和辽宁鸟等珍稀化石，使得越来越多的人相信鸟类是恐龙的后代，它们侥幸躲过了 6600 万年前的生物大绝灭，逐渐演变成现在的鸟类。

◀ 中华龙鸟

◀ 热河鸟

◀ 孔子鸟

关于鸟类的起源在科学界一直众说纷纭，早先的假说有"槽齿类起源说"，认为恐龙和现代鸟类有着共同的祖先，不可能是直接的进化关系；还有"鳄类起源说"，认为鳄类和现代鸟类都是羊膜卵动物，有着共同的祖先。随着时间的推移，我们会发现更多的古鸟类化石标本或者过渡类型的化石标本，它们将为鸟类的起源提供更多线索。当然也有待每一个人去探索发现。

天空之羽

————····————

你知道吗？世界上的鸟类有 10000 种左右，而每天可能约有 4000 亿只鸟在飞行、游泳或者从我们的身边一闪而过。在鸟类的这些活动中，它们身上的这种由表皮细胞进化出的角质化产物发挥着至关重要的作用。

一直以来，这种产物的功能和复杂程度让科学家们为之惊叹。它是鸟儿们漂亮的衣装，是近乎完美的飞行装备，也是难以模仿或者人工制造出来的自然物。它被人类广泛地运用到宗教、艺术和装饰中，我们常见的羽毛球就是由它制成，穿的羽绒服也是由它制成，是的，没有错，它就是羽毛。

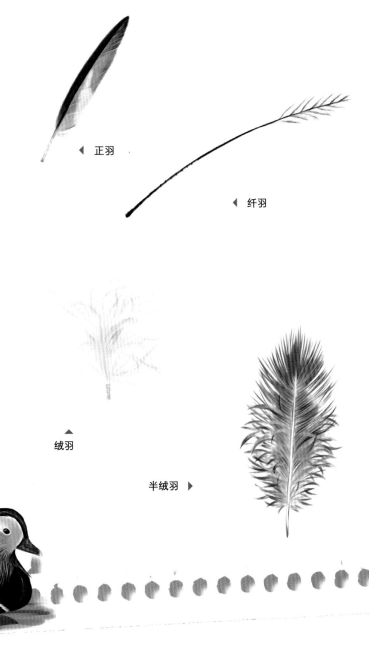

◀ 正羽

◀ 纤羽

▲
绒羽

半绒羽 ▶

鸳鸯 ▶

羽毛是现生动物中鸟类所独有的一种身体结构。在漫长的演化过程中，羽毛和鸟类"相互"适应，使得鸟类享有广阔的生存空间，从辽阔的草原、广袤的森林、浩渺的水域、荒凉的沙漠，再到万里苍穹，都可以见到它们的身影。

8

羽毛：自然演化中的奇迹

小天鹅 ▶

羽毛可以很柔软，也可以很坚硬；可以很平整，也可以有分支；可以做"隐身衣"，也可以光彩夺目；可以储水，也可以防水。如果将世界上所有的羽毛依次排列起来，可能会排到月球、太阳，甚至更远的天体。因为一只红喉北蜂鸟的身上大约有 1000 根羽毛，一只麻雀的身上大约有 3500 根羽毛，而一只小天鹅的身上大约有 25000 根羽毛，所以羽毛无疑是自然演化中的奇迹。

如果你曾拾起过一根左右不对称的羽毛（正羽），并在阳光下观察过它，那么你是否感受到它的轻盈与柔软、结实与坚韧？是否观察到突显出来的羽枝，以及从羽枝分化出来的相互交织的羽小枝？是否触摸到一个完美的羽面？或许你会想羽枝、羽小枝，这些都是什么？

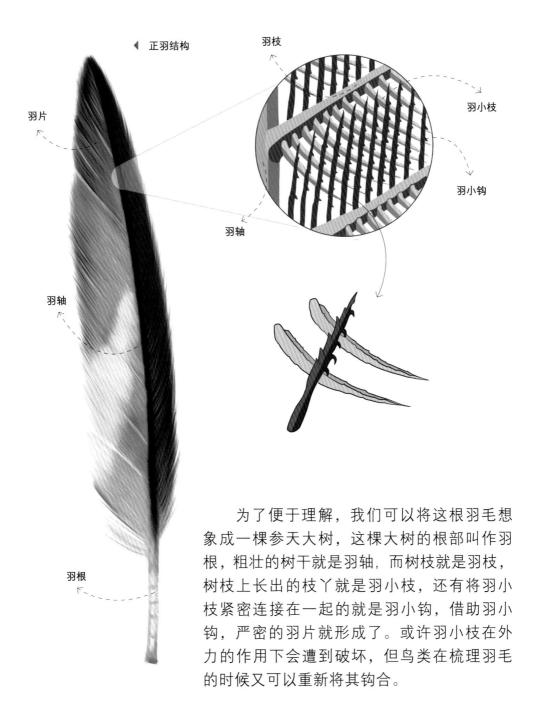

◀ 正羽结构

羽枝

羽小枝

羽片

羽小钩

羽轴

羽轴

羽根

为了便于理解，我们可以将这根羽毛想象成一棵参天大树，这棵大树的根部叫作羽根，粗壮的树干就是羽轴，而树枝就是羽枝，树枝上长出的枝丫就是羽小枝，还有将羽小枝紧密连接在一起的就是羽小钩，借助羽小钩，严密的羽片就形成了。或许羽小枝在外力的作用下会遭到破坏，但鸟类在梳理羽毛的时候又可以重新将其钩合。

羽毛的类别

除了刚刚提到的正羽外，鸟类的羽毛形态还有很多，如绒羽、半绒羽、纤羽和粉翎等，虽然它们的形态各不相同，但基本结构都是一样的。

正羽 覆盖在体表，是结构最精细的羽毛，包括特化的飞羽、尾羽和须。

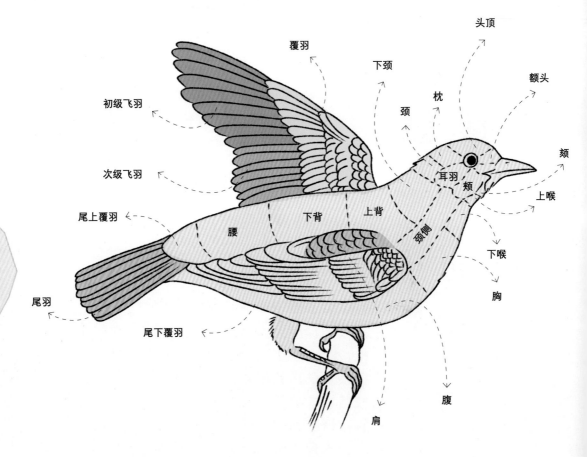

初级飞羽　次级飞羽　尾上覆羽　覆羽　腰　下背　上背　颈侧　耳羽　颊　下颈　枕　颈　头顶　额头　颏　上喉　下喉　胸　腹　肩　尾下覆羽　尾羽

▲ 鸟类的体羽分区

11

飞羽着生在鸟类的翅膀上，是完成飞行的主要结构。根据其着生的位置，又可以分为初级飞羽和次级飞羽，所有的飞羽都在翅部骨骼的后侧"各司其职"，才使得鸟类可以振翅飞行。

◀ 飞羽

尾羽着生在鸟类的尾部，可以帮助它们在飞行时控制方向、保持平衡以及在求偶的时候吸引异性或吓走竞争者。

不同的鸟类有着不同的尾羽形态，而且数量也不同，一般为 10 或 12 枚，但有些可达 32 枚。

▲
雄性绿翅鸭的尾羽

▲
孔雀的尾羽

▲
雉鸡的尾羽

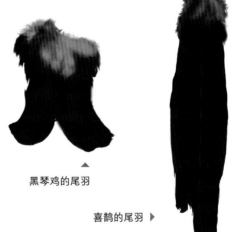

▲
黑琴鸡的尾羽

喜鹊的尾羽 ▶

须通常长在以飞行类昆虫为食的鸟类的喙和鼻周边。根据鸟类学家推测，须可以帮助鸟类防止灰尘进入眼睛并且感知昆虫的动态。

欧夜鹰 ▶

绒羽位于正羽的下方，是一种紧挨着皮肤的羽毛，其羽干（羽轴的上半部分）缺失或比较短小，而且羽小枝上面只有较少的羽小钩或者干脆没有，所以绒羽比较蓬松柔软，从而构成了有效的保温层。

成鸟和雏鸟都具有绒羽，雏鸟的绒羽叫作雏绒羽，也就是小鸟宝宝破壳之后身体上面所覆盖的羽毛，比如常见到的毛茸茸的小鸡仔。但并不是所有的小鸟在破壳之后都会长雏绒羽，如啄木鸟的宝宝破壳之后就是光秃秃的。

绒羽 ▼

雏绒羽 ▼

半绒羽的结构介于正羽和绒羽之间，它们具有明显的羽干，但羽枝之间没有羽小钩的相互勾连，所以它们就像绒羽似的蓬松，既可以保暖又可以增加游禽在游泳时的浮力。

纤羽位于正羽和绒羽之间，其羽干又长又细，就和我们的头发丝似的，可以感知周围羽毛的状态，起到触觉的作用，为鸟类提供风速以及羽毛位置的信息，甚至还可以在繁殖期起到炫耀的作用。

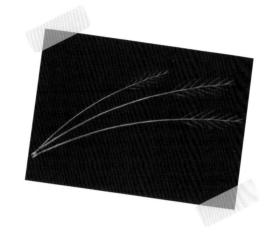

粉䎃是一种特化的绒羽，它们就像清洁剂似的能够清除正羽上面的脏东西。鹭家族有着发达的粉䎃，主要分布在胸、腹部以及两胁处，可以终生生长，先端可以不断地形成粉粒状，从而将黏附在身体上的脏东西清除掉，保证羽毛的整洁。

鸟类的这五种羽毛在形态和功能上各不相同，但每一片羽毛的结构都极为精妙，所以当它们组合在一起的时候，便构成了一件完美的羽衣。这件羽衣既可以帮助鸟类飞行，又可以保暖、防水和炫耀等，鸟类穿上它就可以上天入海，穿梭世间。

草鹭 ▲

14

鸟类的视觉

····

　　鸟类的眼睛在结构和功能上都特别复杂，远远超出我们的想象。有些鸟类可以看到它们身后的物体，如赤麻鸭；有些鸟类可以看清远距离的物体，如金雕；有些鸟类可以看到我们看不到的紫外光，如红隼；还有一些鸟类甚至可以"看"到声音，如金丝燕。通过"眼睛"，它们可以获取大量信息，看到事物的形状、大小以及颜色，进而定向和定位，从而获取食物以及躲避危险。

鸟类的视觉

鸟类的眼睛在其头骨中所占的比例较大，也就是说，如果按照身体比例来讲，鸟类的眼睛大小约为许多哺乳动物的两倍。

楔尾雕 ▶

简单地说，在某种程度上，眼睛越大，视网膜上所呈现出的图像就越大，拥有的视觉细胞也会越多，所以视力也就越好。试想一下，一台 17 英寸的电视和一台 50 英寸且像素较高的电视相比，哪一台的成像会更好呢？

▲ 楔尾雕是鸟类王国中拥有最大眼球的鸟类（相对身体而言）

我想，为了享受更好的画质，你定会不假思索地选择 50 英寸且像素较高的电视，可是你知道吗？即使是同一台电视，鸟类眼中的画面和我们是大不相同的。

▲ 人类眼中的金冠树八哥　　　　▲ 鸟类眼中的金冠树八哥

16

鸟类的视野

　　首先，鸟类根据眼睛生长的位置有三种不同的视野。第一种是较常见的鸟类，它们的眼睛长在脑袋两侧，如紫翅椋鸟，视野重合的区域为20°至30°，盲区为40°至100°，所以它们不仅拥有向前的视野，还有特别好的两侧视野，但它们无法看到自己身后的事物，最神奇的是它们中的大部分无法看到自己的嘴尖。

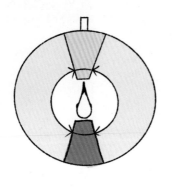

◀ 紫翅椋鸟

▲ 紫翅椋鸟的视野

　（视野中的肉色为双眼视野重合区域，灰色为视野盲区，蓝色为单眼视野）

　　第二种是眼睛长在脑袋两侧较高位置的鸟类，如绿头鸭，它们视野重合的区域和盲区都小于10°，所以它们也拥有良好的两侧视野，而且也无法看到嘴尖。但与紫翅椋鸟不同的是，它们可以看到自己的身后，更为有趣的是，它们左右眼睛的视野几乎没有重叠，这就意味着它们可能会同时看到两幅独立的画面。

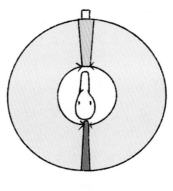

▲ 绿头鸭的视野

绿头鸭 ▶

第三种是眼睛长在脑袋正前方，和我们一样拥有双目视觉的鸟类，如长耳鸮，它们视野重合的区域超过 50°，盲区超过 160°，所以它们拥有更好的立体视觉和对距离的感知能力，而狭窄的视野范围可以用灵活转动的脖子来弥补。

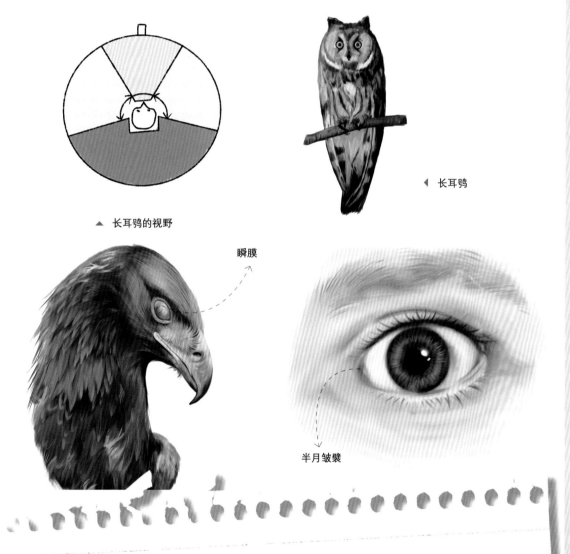

▲ 长耳鸮的视野

◀ 长耳鸮

瞬膜

半月皱襞

瞬膜呈透明或半透明状，可以灵活开闭，就像鸟类自带的"护目镜"似的，可以在它们快速飞行的时候保持眼睛湿润，及时清除空中遇到的杂物，也可以在它们潜水觅食的时候，保证其视觉清晰。其实，人类也曾有瞬膜这一结构，但渐渐退化成了内眼角处一块无法活动的半月形小薄肉（半月皱襞）。

栉膜

从栉膜这个名字来看，不难知道这一结构和梳子有点相似。栉膜呈褶皱状，其数量因鸟儿种类的不同而不同，从 3 个至 30 个不等，其中猛禽拥有最复杂的栉膜结构。

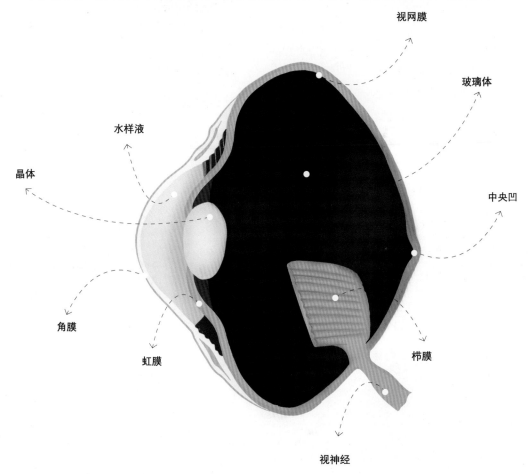

视网膜

玻璃体

水样液

晶体

中央凹

角膜

虹膜

栉膜

视神经

▲ 鸟类眼睛切面

栉膜上面分布着丰富的色素和血管，大部分研究人员认为，栉膜就像鸟类眼睛上的"氧气瓶"，可以让眼睛有效地呼吸，从而保持眼压的平衡。也有一些学者认为，栉膜可以防止目眩，增加对运动缓慢的物体的感知。

19

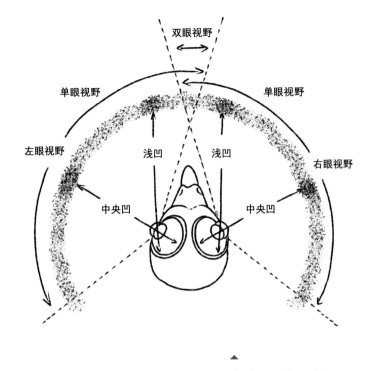

双眼视野

单眼视野　　　　　　　单眼视野

左眼视野　　　　　　　　　　右眼视野

浅凹　　　浅凹

中央凹　　　中央凹

▲
鹰眼视凹和其视野角度

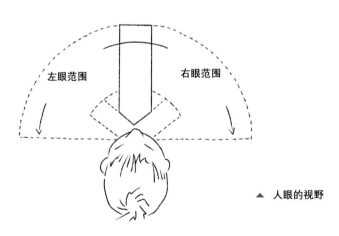

左眼范围　　　右眼范围

▲　**人眼的视野**

　　除此之外，鸟类的视网膜底部与我们一样都具有视凹，这可是眼睛中成像最清楚的一个点，当我们集中看前面时，两侧的视野就比较模糊。但一些飞行敏捷的鸟类，如普通翠鸟、伯劳和隼等都具有两个视凹：一个可以测量距离的深凹（中央凹）和一个可以提供特写的浅凹，这就好比它们拥有一台有超远镜头和微距镜头的摄像机，既可以看清前方的物体，又可以看清侧面的物体。

不同动物的视锥细胞密度对比

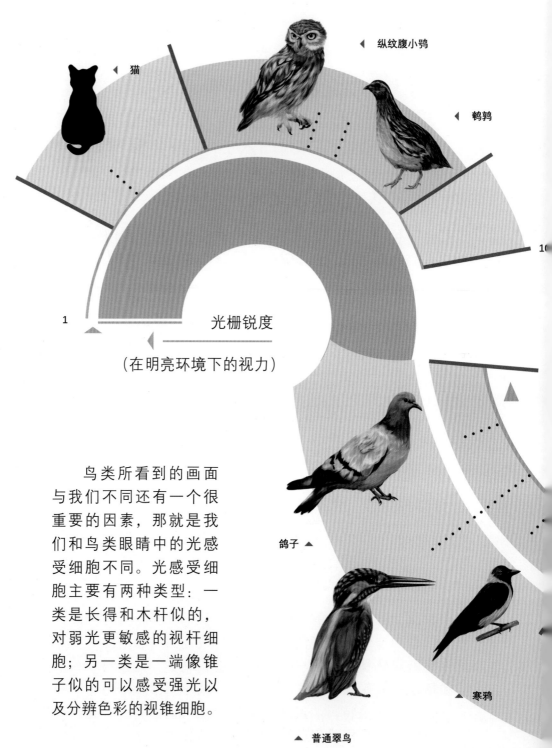

纵纹腹小鸮

猫

鹌鹑

10

1

光栅锐度

（在明亮环境下的视力）

鸽子

寒鸦

普通翠鸟

鸟类所看到的画面与我们不同还有一个很重要的因素，那就是我们和鸟类眼睛中的光感受细胞不同。光感受细胞主要有两种类型：一类是长得和木杆似的，对弱光更敏感的视杆细胞；另一类是一端像锥子似的可以感受强光以及分辨色彩的视锥细胞。

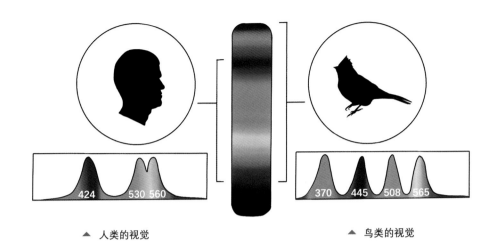

▲ 人类的视觉　　　　　　　　　　　　▲ 鸟类的视觉

　　我们眼中的视锥细胞只有红光、绿光和蓝光三种，而鸟类的眼中还有第四种——紫外光，它们不仅比我们多一种类型，而且数量也比我们多。

　　猛禽视凹处的视锥细胞密度是人类的 10 倍以上，大约是每平方毫米 100 万个，所以猛禽的视力是我们的两倍多，即使在 1000 多米的高空，它们仍可以清楚地看到地面上的猎物。

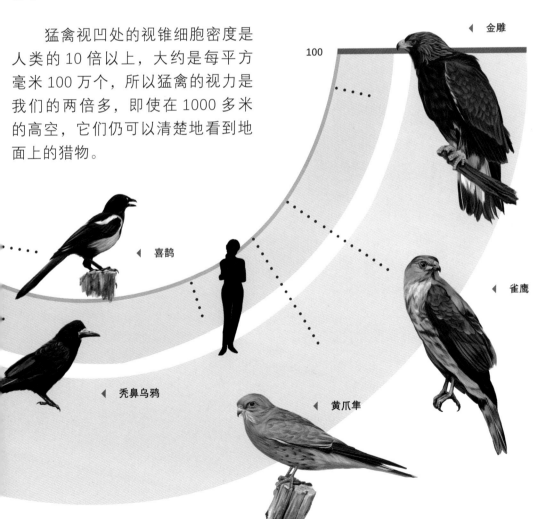

◀ 金雕

100

◀ 喜鹊

◀ 雀鹰

◀ 秃鼻乌鸦

◀ 黄爪隼

22

此外，鸟类的视锥细胞上还有许多含色素的油滴，光线会先透过油滴，再进入光感受细胞。虽然油滴的作用目前还不明确，但一般推测认为油滴可以提高鸟类视觉的敏锐度，降低色差和区分颜色。

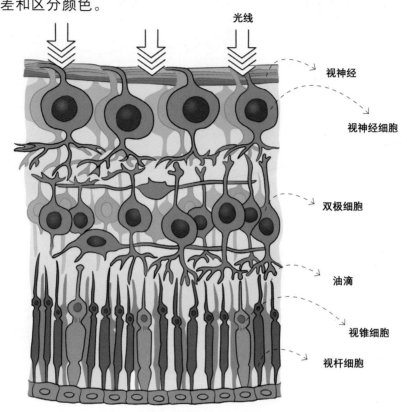

光线

视神经

视神经细胞

双极细胞

油滴

视锥细胞

视杆细胞

▲ 鸟类的视网膜结构

综合来看，似乎也就不难理解，为什么在整个动物王国，鸟类是其中可以呈现出最多色彩的成员，它们身上的色彩可谓是五彩斑斓，即使在同一种鸟的身上，也可以拥有众多色彩。而色彩的本质就是眼睛和大脑对光产生的一种视觉感受，所以眼睛是鸟类特别重要的感官，利用超凡的视觉，它们可以更好地生存。

非同一般的"耳朵"

　　想象一下，你独自在一个黑暗而又陌生的环境中，突然传来一个奇怪的声音，或许是一段沉重的脚步声……但是你并不知道这个声音是在你前面、后面还是两侧。如果你准备快速逃离，首先就要确定声音传来的方向。

　　此时，我们会通过声音抵达两个耳朵的细微时间差来定位声音，因为人类两耳之间有足够的距离，可以让声音抵达耳朵的时间产生细微的差别，而鸟类两耳之间的距离比较小，而且鸟类的听小骨比我们少两块（听小骨是一种可以放大声波或降低声波的结构），所以它们在同等条件下很难定位发出声音的位置。

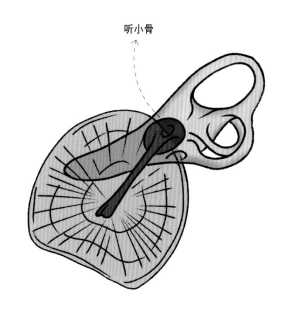

听小骨

▲　鸟类的耳朵

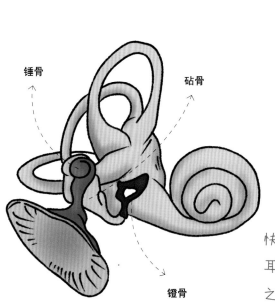

锤骨

砧骨

镫骨

◀　哺乳动物的耳朵

　　为了解决这一问题，鸟类会通过快速移动头部的方式来间接地增加两耳之间的距离，或者仔细地比较两耳之间的细微差别。因此，它们几乎能听到所有我们所能听到的声音。

24

　　法国的一位博物学家在他的《鸟类志》一书中提到："鸮类的听觉似乎优于其他鸟类，或许也优于任何哺乳动物。"我们都知道，鸟类根据生态习性的不同，被分为游禽、涉禽、鸣禽、陆禽、攀禽和猛禽六大类，其中鸮类就属于鸟类中最"酷"的家族——猛禽。

鸮类家族　▶

　　猛禽中的大部分成员浑身都散发着一股英气，唯有鸮形目，也就是我们熟知的猫头鹰，看起来憨态可掬。它们的头部形态奇特，有着大大的眼睛、小巧的"耳朵"和近圆形的"大脸盘"，这种面部形态可以帮助它们收集声波、放大声音并轻松地感知空气中轻微的振动，从而让它们在光线较暗的环境中也可以定位到猎物的位置。

◀ 乌林鸮

◀ 纵纹腹小鸮

▲ 短耳鸮

研究发现，许多鸮形目成员都有着特化的听觉系统，它们头部两侧的左、右耳孔并不对称，请注意，这里指的是耳孔的位置，而不是像长耳鸮头顶部那对看上去很像耳朵的耳羽簇，它们和听觉没有一点关系。

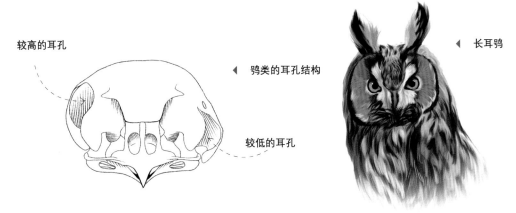

较高的耳孔

◀ 鸮类的耳孔结构

较低的耳孔

◀ 长耳鸮

以乌林鸮为例，它们的耳孔就围绕在眼睛最外围一圈的茶色羽毛后，轻轻掀起羽毛就可以看到从上到下约 4 厘米大的耳孔，这两个耳孔的大小几乎是整个头骨的高度，而且耳孔的位置一高一低，这样的结构会导致声音到达两个"耳朵"的时间和强度略有不同，也正是通过这种微小的差别，乌林鸮可以精准地定位到声音的位置。

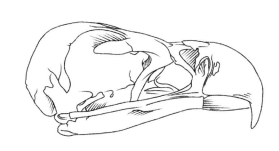

乌林鸮的头骨 ▲

可以想象，声音对于鸟类是多么重要，因为一瞬间的讯息往往决定着它们的生死，它们可以用听觉来觅食、识别同伴以及侦察潜在的捕食者。

鸟之巢

在生活中，屋檐、树枝和电线杆上我们最常见的就是麻雀的巢穴。不过这只是它们为了繁殖期时哺育后代而建筑的居所。在建筑巢穴方面鸟类可是绝对的"小能手"，不同的鸟类有着不同的生活环境与生活方式，所以这些鸟儿们的巢穴自然也是形态各异。

鸟巢之最

这是生活在沙漠的织雀科拟厦鸟的鸟巢，巨大的鸟巢中包含着许多的小巢，里面生活着很多织雀。建造成这样的鸟巢是因为沙漠中昼夜温差较大，用厚重的枯草搭建的鸟巢通常可以保持恒温，使鸟儿在白天抵御炎热、夜晚抵御寒冷。

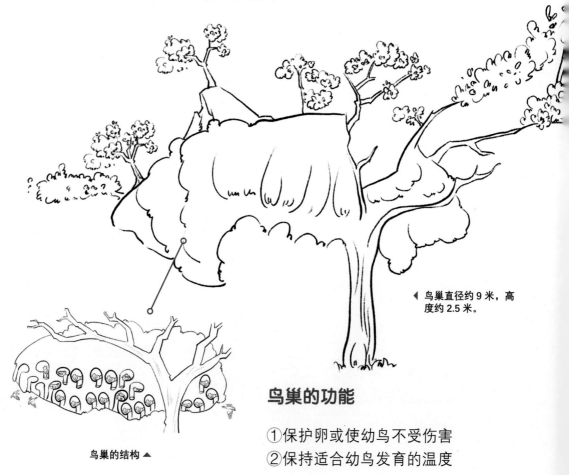

◀ 鸟巢直径约 9 米，高度约 2.5 米。

鸟巢的结构 ▲

鸟巢的功能

①保护卵或使幼鸟不受伤害
②保持适合幼鸟发育的温度

鸟巢的类型

泥巢： 鸟儿在建筑巢穴时会收集很多湿泥，将湿泥与草根和稻草混合堆砌而成。

泥巢▶

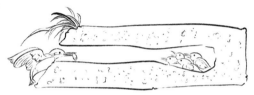

洞巢： 鸟儿会利用身边的天然洞穴，加以改造后变成自己的巢穴。例如：树洞巢、岩洞巢、地洞巢与房洞巢。

◀洞巢

翠鸟把鸟巢建在松软的土墙中 ▲

浮巢： 生活在水里的鸟儿会选择用一些水生植物作为主要材料，并与泥土和碎枝混合来建造巢穴。

浮巢水面图▶

浮巢表面上看起来是一个扁平的巢穴，其实下面还有厚厚的水草，这样可以使鸟巢不被淹没。

◀浮巢侧面图

鸟巢的类型

编织巢： 生活在树林中的鸟儿会收集树皮、树叶或兽毛来建造自己的巢穴，编织出形态各异的"艺术品"。

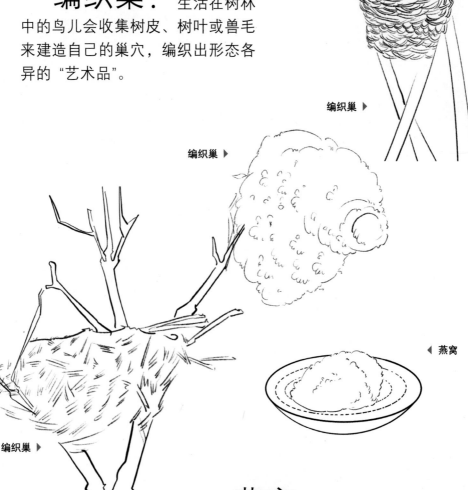

编织巢 ▶

编织巢 ▶

编织巢 ▶

◀ 燕窝

燕窝： 一般分为两种，一种会使用泥土和草为主要建筑材料，与少量唾液黏合而成，如普通雨燕。第二种是利用自身的唾液与少量其他材料混合而成，如金丝燕。

鸟巢为什么朝上？

鸟巢中很多都是露天朝上的形态，这样的鸟巢不仅建造简单而且保证了幼鸟的安全，如果遇到危险可以快速飞走逃生。即使遇到雨天，鸟儿们也是毫不畏惧的，因为它们建巢所选的位置大多有着茂密的树叶可以进行遮挡，并且它们所用的建筑材料大部分由干草制成，所以就算下雨，雨水也会渗透下去。

不管是哪种鸟巢都不能做到全方位防水，幼鸟的爸爸妈妈是如何去做的呢？

它们会将孩子护在身下。那爸爸妈妈不会生病吧？不用担心，成年鸟类的身体会分泌油脂，羽毛在一定程度上具有防水作用，就像我们穿了雨衣一样，所以它们不会轻易生病。

▲ 遮风挡雨的爸爸妈妈

所有的鸟类都会筑巢吗？

答案是：NO！鸠占鹊巢是我们生活中常听到的成语，而在大自然中这种现象也是时常发生。在鸟类大家族中，大杜鹃就是"鸠"中的一员，它们不会去抢夺其他鸟类的巢，而是将自己的卵产在其他鸟类的巢中，例如苇莺的巢穴，如果巢穴中有正孵化的雏鸟或卵，大杜鹃就会把它们丢出去，而原主人对这一切毫不知情，继续照顾着"自己的宝宝"，直至它发育长大。

▲ "狸猫换太子"

鸟的千足百喙

鸟类大家族可谓是十分繁盛，地球上约有10000多种鸟类，你是否观察过它们的喙和足呢？单从外观上来看，喙和足便是象征着鸟类身份的重要部位，可以显示出每种鸟类的独特之处。在鸟类亿万年的演化过程中，为了适应不同的自然环境，产生了不同的生态类群，其中喙和足更是形态各异，真可谓是"千足百喙"。

鸟儿的喙

我们可以吃到多种多样的食物，而不同的食物需要不同的餐具。在鸟类的世界中，它们的喙就是它们的"餐具"。

不同种类的鸟，根据不同的生活环境慢慢演变出了不同形态的喙。根据喙的形态也可以推测出鸟类的食性。

天鹅

天鹅长着扁平的喙，通常以水中的植物为食。

雀类

雀类长着像"锥子"一样的喙，通常用来啄食，很容易撬开植物种子。

啄木鸟

啄木鸟长着像"凿子"一样长长的喙，通常用来在树木上凿洞觅食。

蜂鸟

蜂鸟长着长长的喙，通常用来吸食花蜜。

普通鵟
普通鵟长着尖利的钩状喙，通常用来撕扯食物。

大杓鹬
大杓鹬有着长长的嘴并向下弯曲，像是携带了一双筷子，随时可以插入泥中寻找食物。

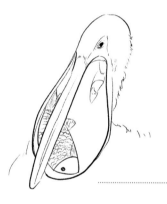

卷羽鹈鹕
卷羽鹈鹕的"大漏斗"是最吸引人们的部位，它们会用可以伸缩的大漏斗舀到食物。

潜鸭
潜鸭的喙上有尖尖的"牙齿"，可以不让口中的鱼溜掉。

红交嘴雀
红交嘴雀的喙似乎不太"配合"，它们相互交错，像是一个小叉子。这种拥有交错喙的鸟类一般喜欢吃松果，交错的"小叉子"可以很容易地把松子剥开。

鸟儿的蹼

根据不同的环境与生活习性，游禽和涉禽足的形态也是多种多样的，这是为了在水中更好地活动和觅食。

蹼足：通常前三趾间有全蹼相连，如雁和鸭。

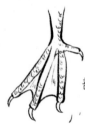

瓣蹼足：通常趾的两侧有叶状瓣膜，如白骨顶。

凹蹼足：通常蹼的中部凹进去，如鸥。

全蹼足：通常四趾间均具蹼，如鸬鹚。

半蹼足：通常趾间微具蹼膜，如鹭。

除了这些足，还有一些生活在沙漠与冰寒之地的鸟类，它们的足更加神奇，那它们是如何适应如此恶劣的环境呢？

驼鸟为了适应环境，长出了和骆驼足相似的厚肉垫，即便踩到极其灼热的地方也不会觉得烫。而企鹅则是利用一些特殊的方式使足部温度变低，从而减少热量的散失。

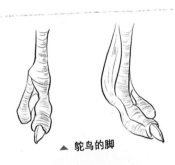

▲ 鸵鸟的脚

▲ 企鹅的脚

鸟儿的足

鸟类的足可以分为 5 种，分别是：常态足、对趾足、异趾足、并趾足和前趾足。不同形态的足有着不同的作用。鸟类大多有 4 个趾，有些鸟类的趾则发生了退化。

常态足（亦称不等趾足或离趾足）：通常三趾朝前、一趾朝后。如鸡的足。

对趾足：通常第二、三趾朝前，第一、四趾朝后。如啄木鸟的足。

异趾足：通常第二、四趾朝前，第一、二趾朝后。如咬鹃的足。

前趾足：通常四趾均朝前。如雨燕的足。

并趾足：通常三趾朝前、一趾朝后，但前三趾基部并合。如翠鸟的足。

鸟类的六大生态类群

　　鸟类在世界上的分布极为广泛，世界上的鸟类有10000种左右。我国的鸟类有1000多种，根据它们的生活环境和生活习性可分为六大生态类群，即游禽、涉禽、猛禽、陆禽、鸣禽和攀禽。

普通鸬鹚 ▶

▲　疣鼻天鹅

游禽

　　游禽趾间有蹼，大部分成员有发达的尾脂腺，可以将分泌出的油脂涂抹在全身使羽毛不被浸湿，只有少数鸟类需要在潜水后晾晒羽毛。它们的嘴大多呈扁平或钩状，双腿的位置偏靠身体后侧。

涉禽

　　涉禽是常在水域周围活动但不会游泳的鸟类，它们多具有"三长"的特点，即腿长、嘴长和颈长。涉禽的"大长腿"可以帮助它们在较深的水域觅食。有些涉禽的趾间具蹼，但与游禽不同的是，涉禽的蹼为半蹼，只存在于它们前趾间的基部。

◀ 反嘴鹬

◀ 苍鹭

猛禽

　　猛禽的战斗力很强，为掠食性鸟类。它们的嘴与爪常呈钩状，十分尖利，视觉器官也十分发达，算是鸟类中的"战斗机"。

◀ 秃鹫

◀ 短趾雕

陆禽

　　陆禽是生活在陆地上的鸟类，通常飞行能力不强，健壮的后肢十分适合在陆地上行走与奔跑。它们的喙比较短小，常在地面或矮小的树木上寻找食物。

鸣禽

　　鸣禽中的大部分成员体型偏小，它们拥有发达的发声器官（鸣肌和鸣管），可以发出变化多样且极具特色的声音。

◀ 黑琴鸡

大山雀 ▶

攀禽

　　攀禽是善于攀援的鸟类，为了适应环境，它们的脚趾变得十分多样，如对趾足、前趾足、并趾足和异趾足等。除了双足外，有的鸟类还拥有着"第三个足"，如啄木鸟的尾羽和鹦鹉的喙都有使身体更加稳定的功能。

戴胜 ▶

大杜鹃 ▶

陆禽一般生活在陆地上。它们有着强健的脚，适合在地面行走和刨食；尖而有力的嘴，可以在地面啄取食物；漂亮的羽毛不仅可以保暖还可以赢得异性的青睐。凭借着这些特征，它们可以在广袤无垠的大地上自由生活。

内蒙古常见鸟类
手绘图鉴

天地精灵

陆禽篇

黑琴鸡
Lyrurus tetrix

鸡形目·雉科 LC

黑琴鸡有 18 枚黑褐色的尾羽，最外侧的三对尾羽长而弯曲，酷似西洋的古琴，所以得名黑琴鸡。

"红眉毛"

▲ 求偶

♂

特征概述

　　黑琴鸡的体型大小和家鸡相似，成年后的雄鸟体长可达到 60 厘米，体重约有 1.5 千克，在野生鸟类中，这可算得上是很健壮的体格了，不过它可不是虚胖，发达有力的腿部肌肉使得黑琴鸡成为了奔跑健将。它们有非常坚硬的爪子，更善于在丛林中奔跑，速度如同一道闪电。

形态特征

　　雄性黑琴鸡的眼睛上方有一块红色的裸露突起，像是一对红红的"眉毛"。而在每年的 4 月中上旬，这对红红的"眉毛"会变得更加鲜

▲ "炫舞"

♀

📍 分布图

　　■ 留鸟

艳，从远处看像是光彩夺目的鸡冠一样。这就表明黑琴鸡已经进入了繁殖期，为繁育后代而全力备战。

繁殖行为

　　每到繁殖期的凌晨 3 点左右，雄性黑琴鸡便开始上演求偶大戏。几只雄鸟会飞到求偶场，一边唱着欢快的"婚歌"，一边跳着曼妙的"求偶舞"，炫耀着自己的实力。

你知道吗？

　　冬天的时候黑琴鸡为什么会住在雪窝里？

　　雪窝可以帮助黑琴鸡抵挡住冬天刺骨的寒风，还可以很好地保存能量，躲避敌害。在冬季白天阳光充足的时候，它们才会出来寻找食物，而黑色的羽毛也可以充分地吸收太阳的热量。

黑嘴松鸡

Tetrao urogalloides

鸡形目 · 雉科 LC

黑嘴松鸡的肩、翼上有醒目的白斑，尾羽竖起展开后，像一把镶着白边的扇子。

▲ 张望

♂

繁殖行为

每年的 3 月底至 5 月中旬，森林中就会传来“ga-da-da-da”的响声，这是雄鸟的呼唤，这声音就好像是木棒敲击的声音，所以当地人又称它为梆子鸡，而把“敲梆”的地方称为“梆鸡场”。

循声望去，可以看到黑嘴松鸡靓丽的紫蓝色胸脯和耀眼的“红眉"，这对"红眉"是它们眼部裸露的皮肤，只不过在求偶时期会显得更加鲜艳。

待黑嘴松鸡整理好自己的妆容，凌晨3点便开始进行炫舞比赛。它们不会像其他鸟类一样依靠暴力解决问题，而是会通过比较体面，也比较温和的方式——比舞，来一争高下。

◀ 炫舞

📍 分布图

▨ 留鸟

♀

你知道吗？

黑嘴松鸡脚上的"毛靴"是为了时尚吗？

黑嘴松鸡的"毛靴"实际上是脚趾上的羽毛。这样，在寒冷的冬季，它们也可以不畏严寒地在雪地中行走觅食。而且它们的砂囊又大又厚，可以储存许多食物，这样便可以减少外出，从而抵御寒冷。

🕊 生活习性

黑嘴松鸡可以称得上是"养生达人"，它们喜欢吃一些粗纤维的植物，偶尔也会吃一些蜗牛和蚂蚁等，荤素搭配，改善一下伙食。黑嘴松鸡警惕性很强，喜欢集体生活，在觅食的时候会有首领站在高高的松枝上瞭望，一旦闻到了危险的气息，就会向其他同伴发出警告，让大家迅速躲藏起来。

石鸡

Alectoris chukar

鸡形目·雉科 (LC)

石鸡的前额到上胸部围绕着一条黑色环带，像是"忍者神鸡"。

喙和眼周裸出部分为珊瑚红色

虹膜栗褐色

♂

▲ "黑色眼罩"

形态特征

石鸡的雌鸟和雄鸟羽色相同，头部和后颈部为红棕色，上胸部为灰色，下胸部为深棕色。身体两侧的翅膀上，有十多条黑栗相间的横斑，再加上红色的眼眶，给原本低调的色彩增添了几分灵气。

 繁殖行为

通常情况下，每年的 3 月底至 4 月初，雄鸟的嘴会变得更加鲜红，而且羽色也会更加鲜亮，面部和颈部的羽毛会蓬起。雄性石鸡一旦找到了心仪的伴侣，就会像大天鹅一样，保持一夫一妻制。

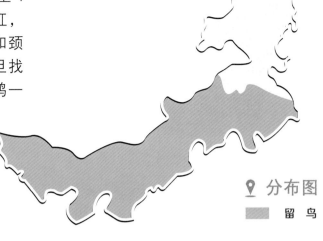

📍 分布图

█ 留鸟

▲ 求偶

脚的局部图 ▲

 生活习性

石鸡生活在沙坡上，遇到危险的时候，不会向山下跑，而是会迅速地跑到山上，因为它们的爪子可以牢牢地抓住陡坡，爬起山来如履平地。

石鸡喜欢吃一些种子、嫩芽、嫩叶和浆果等，同时也会搭配一些昆虫和谷物，饮食均衡，怪不得身体倍儿棒。

你知道吗？

石鸡为什么喜欢在沙子里滚来滚去呢？

其实石鸡是在"做 SPA"，也就是我们常说的沙浴。至于喜欢做沙浴的原因，有学者认为可能是在疏松筋骨，也有可能是在清除一些寄生在体表的虫子。

文化链接

巴基斯坦的国鸟就是这种可爱的小生灵——石鸡。同时也因为它们的叫声是"嘎嘎"的，所以也叫作嘎嘎鸡。

斑翅山鹑

Perdix dauurica

鸡形目·雉科 LC

斑翅山鹑属于体型较小的鹑类，因为喉部长有"胡须"，所以又称为须山鹑。

虹膜暗褐色

喉部"胡须"

 ♂

▲ 张望

 形态特征

斑翅山鹑的雌鸟和雄鸟羽色基本相同，头部和颈部为暗褐色，耳羽是深深的栗棕色。雄鸟的下胸处有一块马蹄形的黑斑，像是打了一个马赛克，而雌鸟的这块黑斑似乎只能看到淡淡的印痕。

45

繁殖行为

斑翅山鹑会将自己的巢筑在很隐蔽的地方，虽然巢的结构比较简单，但是会由雌鸟和雄鸟共同建筑。雄性的斑翅山鹑是一个很负责任的爸爸，在雌鸟孵卵时，雄鸟便会在周边警戒。

📍 分布图
▨ 留　鸟

▲　觅食

生活习性

斑翅山鹑喜欢群集生活，特别是秋、冬季节，每天清晨，它们会集体觅食，而且总会有"哨兵"放哨。每当遇到危险时，"哨兵"就会发出"嘎嘎"的声音警示大家，而它们背部的羽色就是最好的"隐身衣"。它们会一动不动地侦察敌情，如果情况比较危急的时候，它们会扑棱扑棱翅膀起飞，不过由于翅膀退化，最远只能飞100米左右。

▲　群体生活

你知道吗？

斑翅山鹑在被猎杀时会呆呆地站在原地，你该不会认为它们是被吓傻了吧？其实斑翅山鹑总是集体生活，猎人打死第一只，就会顺着打死第二、第三只……直至最后一只，而这个家族就会遭受灭顶之灾。

鹌鹑

Coturnix japonica

鸡形目·雉科 **NT**

天冷的时候你想要一个暖手炉吗？鹌鹑的平均体温可达到43℃，是一个恒温的暖手宝。

虹膜红褐色

喉部为栗褐色

 ♂ br.

▲ 觅食

 形态特征

　　雄性鹌鹑背部有褐色和黑色的横斑，胸前皮肤为黄色，还有白色的长眉纹延伸至脑后；而雌鸟上胸部为黄褐色，且有黑色的斑纹，喉部和颈部前侧是灰白色。虽然这身"衣服"没有靓丽的色彩，但却是很好的"隐身衣"，保护它们不被敌人发现。

47

繁殖行为

通常情况下，每年的5月到7月，雄鸟就整装待发，寻找心仪的伴侣。它们会占领领地，吸引雌鸟的注意。当领地被侵占的时候，就会比试一番，直到分出胜负才肯罢休。

📍 分布图

🔲 夏候鸟
🔲 旅　鸟

生活习性

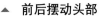

▲ 前后摆动头部

♀

鹌鹑喜欢在荒草地活动，天然的保护色使它们成为了伪装大师。不仅如此，娇小的体型使得它们的行动更加灵敏，遇到危险的时候，就会快速扇动翅膀，低空飞行，不过由于翅膀短小，飞行距离也只能达到50米左右。鹌鹑虽然不太擅长久飞，可它在陆地行走起来却毫不逊色，它们总会有规律地前后摆动头部来保持身体的平衡。奇怪的是，鹌鹑不善于长时间飞行，可是它们会长距离跨海迁徙。

你知道吗？

你知道什么是"把鹌鹑"吗？
"把鹌鹑"就是用手握住鹌鹑，给它用指掌按摩，帮助它强身健体，增强生命力，同时增加人和鸟之间的亲和力，在比赛的时候可以取胜。

环颈雉

Phasianus colchicus

鸡形目·雉科 (LC)

当环颈雉遇到危险的时候，它们会拖着长长的尾巴在地面上奔跑，别看尾巴很长，可是一点也不妨碍它们的奔跑速度。

虹膜栗红色

蓝黑色
耳羽簇

白色 "项圈"

♂

P. c. torquatus

49

形态特征

　　环颈雉，因其颈部自带一个白色的 "项圈" 而得名。它们的体型并不是很大，可是却有一个 "特长" —— 尾巴特长。借着尾巴的光，雄鸟体长可达 85 厘米，雌鸟也可达 60 厘米。在雄鸟的跗跖上还有短而尖锐的距，这可是它们的格斗武器。

繁殖行为

每年的 2 月到 7 月，雄性环颈雉会整理好自己的着装，梳理好自己的尾羽，然后发出"咯咯"的叫声来吸引雌鸟，雌鸟一旦进入领地后便成为了雄鸟的配偶。一只雄鸟会有多个配偶。

📍 分布图

▮ 留鸟

▲ 鸣叫

生活习性

环颈雉会根据季节的变化调整自己的食谱，春天喜欢吃一些刚发芽的嫩草，夏天喜欢吃一些昆虫或其他小型无脊椎动物，秋天喜欢吃一些植物的种子和果实，冬天喜欢吃一些谷物，真可谓是"吃神"了。

♀

文化链接

你知道吗?

环颈雉属于"三有"动物，你知道是哪"三有"吗?

这"三有"可不是社会中所谓的有钱、有房、有车，环颈雉是有重要生态、科学和社会价值的陆生野生动物。

在我国的历史上，雉鸡是诗词歌赋中的常客，也是书画艺术家画上的主角，甚至和中国戏曲也是颇有渊源，演员的头部装饰常会选用各类雉鸡的尾羽。

岩鸽

Columba rupestris

鸽形目·鸠鸽科 LC

岩鸽，光听这个名字就不难想到，它们是一种生活在岩石和悬崖峭壁上的鸟类，有时甚至在海拔 5000 米以上的峭壁上都能见到它们的身影。

虹膜橙黄色

喙黑色

翅斑示意图 ▲

♂

 形态特征

岩鸽的雌鸟与雄鸟羽色相似。头部和颈部是蓝灰色，上胸部是紫绿色，并泛着金属光泽，喉部也有着漂亮的金属光泽，颈后部是紫红色，形成了一个漂亮的颈圈。它们的鼻子前边有一个白色的鼻瘤。虽然岩鸽的颈部和腿部都比较短，但丝毫不影响它们的行走速度。

繁殖行为

每年的 4 月份，雄性的岩鸽就会跟在心仪的雌鸟后面，通过死缠烂打的方式寻找伴侣。在找到心仪的伴侣之后，雌鸟和雄鸟就会找一个离水源比较近的地方筑窝。宝宝出生后，雌鸟和雄鸟的嗉囊可以分泌出鸽乳，来哺育它们的宝宝。

📍 分布图

▨ 留鸟

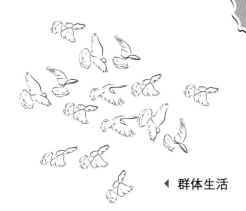

◀ 群体生活

生活习性

岩鸽的性情比较温顺，喜欢集体活动。主要吃一些种子、果实和谷物等，是个素食主义者。它们往往会吃很多的食物来填满两个嗉囊，休息的时候再慢慢消化。

▲ 觅食

文化链接

你知道吗？

你能辨别出岩鸽和野鸽吗？

岩鸽和野鸽的外貌虽然很像，不过还是有一些差别。岩鸽的胸部是泛着金属光泽的紫绿色，而野鸽的胸部是灰色，嘴巴是乌黑色。

英国的博物学家查尔斯·罗伯特·达尔文在《物种起源》一书中提出："多种多样的家鸽品种起源于一个共同祖先——岩鸽。"

52

灰斑鸠

Streptopelia decaocto

鸽形目·鸠鸽科 **LC**

灰斑鸠的跗跖比较粗短，弯曲的爪子不但适合在地面行走，还适合抓握树的枝干。

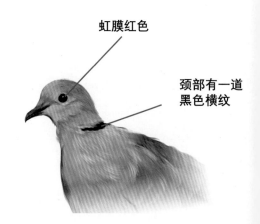

虹膜红色

颈部有一道黑色横纹

▲ 跗跖

♂

形态特征

一听灰斑鸠的名字就知道它们的体色是以灰色为底色。它们的胸部泛着些粉色，颈后面有一道黑色的半月形颈环延伸至颈两侧，外部还有白色的羽毛包裹着，好像是穿了一件很时尚的衬衫。眼周边裸露出灰白色的皮肤，和红色的眼睑相搭配，显得格外醒目。

 繁殖行为

每年的 4 月份，灰斑鸠就进入了繁殖期，它们从树枝上拍动着翅膀飞向天空，然后向下滑行，既向雌鸟炫耀，同时也在向其他的雄鸟宣示领地主权。

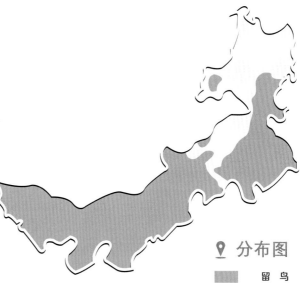

📍 分布图

　　留鸟

▲ 求偶

 生活习性

▲ 栖息环境

你知道吗？

你知道怎么区分山斑鸠、灰斑鸠和珠颈斑鸠三兄弟吗？

山斑鸠上体主要是褐色，颈部两侧各有一块黑斑；灰斑鸠体色以灰色为主，颈后面有一道黑色的半月形颈环延伸至颈两侧；珠颈斑鸠颈部有黑底白点的斑块。

灰斑鸠性格温顺，喜欢生活在树林、农田和城镇等地。它们常常发出"咕咕咕"的声音，喜欢小群体或者成双成对地散步、觅食。每当有人靠近的时候，它们就会迈着小短腿快步走开。

灰斑鸠喜欢吃一些草籽、玉米、植物的种子和果实，以及一些昆虫。

山斑鸠

Streptopelia orientalis

鸽形目·鸠鸽科 (LC)

山斑鸠常常在低山地区生活，所以在古代的时候被称为山鸠。不过现在在平原、果园甚至城市的街道上也可以见到它们的身影。

虹膜橙色

颈部有黑白相间的斑块

▲ 张望

S. o. orientalis

形态特征

　　山斑鸠体长 27 厘米至 35 厘米，雌鸟与雄鸟的羽色相似。上体为深棕色，腹部略带红褐色，形成扇贝状的斑纹，颈部灰褐色夹杂着一些葡萄酒色，而且两侧分别有一枚斑块，尾羽近似黑色。因和绿雉的雌鸟比较相似，所以又称作雉鸠。

55

生活习性

山斑鸠经常成对飞行或觅食，起飞时会发出"噗噗"的声音。在地面活动时会前后摆动脑袋小跑着前进。

山斑鸠喜欢吃一些植物的种子、嫩芽、嫩叶和谷物等，偶尔会吃一些昆虫。

▶ 分布图

留鸟

夏候鸟

▲ 求偶

繁殖行为

▲ 哺育

你知道吗？

山斑鸠为了从猛禽的利爪中成功逃脱，羽毛会轻易地掉落，但这些无关轻重，还是保命要紧。而且它们还会模仿猛禽的行为，交替扇动翅膀，降低遭受攻击的可能性。

每年的4月到10月，就进入了山斑鸠的繁殖期，雄鸟整理好自己的羽毛后就会在空中炫耀飞行。它们会从树顶斜着向上起飞，然后再展开翅膀，盘旋而下，这种求偶飞行的行为很像猛禽中的鹰。它们一旦找到自己心仪的伴侣，就会保持一夫一妻制，直至死亡，而且它们会共同孵卵养育后代。小宝宝出生之后，会把头伸到爸爸、妈妈的嘴里吃它们消化了一半的食物。

珠颈斑鸠

Spilopelia chinensis

鸽形目·鸠鸽科

珠颈斑鸠的幼鸟在没有成年之前，是没有资格戴上"珍珠项链"的。

虹膜褐色

"珍珠斑点"

▲ 喝水

♂

S. c. chinensis

 形态特征

　　我们经常会看到一种胖乎乎的小鸟，猛地一看，以为它是一只家鸽。其实仔细看，它和鸽子是有区别的。瞧它脖子上璀璨的"珍珠项链"，一看就是属于比较"富贵的人家"。这就是珠颈斑鸠，体型比家鸽小，是家鸽的近亲，由于常出没在野外，所以被称为"野鸽子"。

57

 **繁殖行为**

每年的 4 月份，珠颈斑鸠就进入了漫长的求偶期。只见雄鸟昂首挺胸围着雌鸟行走，每走五步就"鞠躬"一次，然后开始"献歌献舞"。有时雄鸟会从树枝上冲向天空，然后水平滑翔降落在雌鸟身旁，这种飞行的方式叫作"婚飞"。

 分布图

█ 留鸟

◀ "婚飞"

生活习性

◀ 觅食

珠颈斑鸠胆子很小，但是很温顺。喝水的时候它们会将嘴巴插进水中，长时间地吸水。这种方式和一般鸟类喝水的方式不太相同。它们是一种很爱干净的鸟类，会将自己的身体浸在水中来清洁寄生在身体上的虫子。

珠颈斑鸠喜欢吃一些植物的叶子和果实等，偶尔也会补充一下蛋白质，吃一些蚯蚓。

你知道吗？

珠颈斑鸠能活下来全凭运气，因为它们的巢穴特别简陋，是鸟类王国中出了名的豆腐渣工程。而且它们特别喜欢在人类的窗台上面产卵，甚至还会直接将卵产在花盆中。

58

毛腿沙鸡

Syrrhaptes paradoxus

沙鸡目 · 沙鸡科 LC

毛腿沙鸡在飞行时呈波浪形前行，时速可达每小时 64 千米。它们常常快速地低空飞行。

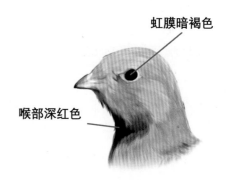

虹膜暗褐色

喉部深红色

▲ 喝水

♂

 形态特征

　　毛腿沙鸡从跗跖到趾间都覆盖着厚厚的羽毛，就像穿着一条毛裤似的，所以称为毛腿沙鸡。毛腿沙鸡的雌鸟和雄鸟羽色相似，体型大小和家鸽差不多，体长可达40多厘米，其中尾巴可是做出了很大的贡献。

 生活习性

毛腿沙鸡主要生活在荒漠、半荒漠和草原等地。严酷的生存环境考验着它们，但是它们的适应能力更强。

📍 分布图

▨▨▨ 夏候鸟

▮▮▮ 留鸟

▲ 飞行

♀

它们有一双角质化的厚足垫，可以随意地在滚烫的沙地上行走。哪怕把它们放在烧红的铁板上，也没有关系。毛腿沙鸡出生的地方虽然一眼望不到水，但是它们不畏严寒酷暑，每到黎明和黄昏时分，会一起飞到水塘里，把嘴放入水中，像是有一根自动吸水器一样，使劲地喝。有小宝宝的毛腿沙鸡在自己饮水的同时，也不会忘记给自己的孩子们带水，因为在它们生活的地方，喝水是头等大事。

你知道吗？

你知道毛腿沙鸡是怎么给自己的宝宝带水的吗？

毛腿沙鸡就像一个移动的水库，干涸的时候就会去寻找水源把自己的腹羽浸泡在水里，让羽毛浸满水，然后小鸟会从羽毛中喝水。

60

大鸨

Otis tarda

鸨形目·鸨科 **VU**

大鸨是匈牙利的国鸟，也是大型飞行鸟类之一，它们的耐力很强，可以飞行很远。不过它们在起飞之前，需要助跑一段距离。

虹膜暗褐色

白色纤羽

br.

▲ 求偶

61

形态特征

　　大鸨雌雄成鸟羽色相似。繁殖期间，雄鸟的前颈和上胸部会变为很漂亮的蓝灰色，而且颊、喉和嘴角会长出细长的纤羽，虽然过后就会消失，但仍魅力不减。雌鸟体型比较小，体重只有4千克左右，喉和嘴角两侧没有纤羽，所以又被称为石鸨。

繁殖行为

每年4月中旬，大鸨就进入了繁殖季。只见许多雄鸟汇聚在一起，散开纤羽，鼓起喉囊，抬起尾羽，疯狂地比拼着舞技。别看雄鸟在求偶期间十分殷勤，可是照顾幼鸟的时候完全不见踪影。

📍 分布图

▓▓▓	夏候鸟
▓▓▓	旅鸟

▲ "炫舞"

文化链接

♀

你知道吗？

你知道"中国大鸨之乡"在哪里吗？

2009年，中国野生动物保护协会授予内蒙古自治区兴安盟扎赉特旗"中国大鸨之乡"的称号。

中国的很多文字都是由图画演变而来的，就像本文中的主角——大鸨。据说在古代，有一种鸟常常成群地生活在一起，而每群鸟的数量刚好是七十只，所以古人就把"七"和"十"这两个数字联系在一起，加在"鸟"字的左边，就形成了我们认识的"鸨"字。配合上它们庞大的体型，自然而然地就有了"大鸨"这个名字。

—— ● ● ● ——

　　猛禽包括鹰形目、隼形目和鸮形目的所有鸟类。它们的嘴形如钩，脚爪尖利，视觉敏锐，翅膀强壮，这些特点聚集在猛禽的身上，使它们成为鸟类中的"战斗机"。

内蒙古常见鸟类
手绘图鉴

天地精灵

猛禽篇

鹗

Pandion haliaetus

鹰形目·鹗科 (LC)

鹗类是中型猛禽，以捕鱼为生。

喙黑色

虹膜黄色

♂

▲ 觅食

形态特征

　　鹗的头部为白色，头顶上有褐色的纵纹，侧边是横向的黑色条纹；上体是暗褐色，下体为白色；胸部有暗色的条纹，尾羽上有相间排列的横斑。

繁殖行为

鹗一般会在水边的树冠或岩石崖壁上筑巢，在食物丰富的水域，巢会比较密集。它们的巢都是用粗大的树枝搭成，如果不被破坏，可以连续用好几年。

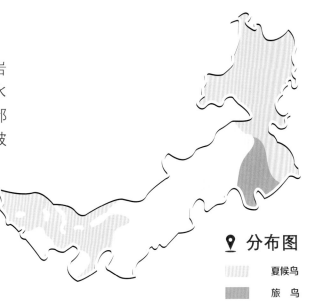

▲ 求偶

📍 **分布图**

夏候鸟	
旅　鸟	

 **生活习性**

▲ 哺育

你知道吗？

鹗有天敌吗？
鹗属于天空中的猛禽，食物链的顶端，所以几乎没有天敌。

鹗的食谱里百分之九十九都是鱼，偶尔也会吃其他食物，比如鸟类、蛇、田鼠和海螺等。

鹗分布于全国各地，但因为大多单独活动，所以较少被人们熟知。它们通常在白天觅食。它们的趾上有锐利的爪，趾底有着粗糙的突起，外趾还能从前面翻转到后面，正是凭借着这些本领，鹗成为了捕鱼能手。

66

秃鹫

Aegypius monachus

鹰形目·鹰科 NT

秃鹫那钩子一般的嘴十分厉害，可以轻松啄破并撕开猎物坚韧的皮，拖出猎物的内脏。

喙端黑褐色
虹膜褐色

♂

▲ 侧面特写

形态特征

　　秃鹫的长相令人格外印象深刻。雌鸟与雄鸟外形相似，通体黑褐色，头上的羽毛很短，所以看起来光秃秃的。它们的脖子很长却不愿意展示，一般都是缩着的。颈基部长有从淡褐色渐变暗褐色的羽簇形成的皱翎，有的皱翎有白色的点缀。

 **繁殖行为**

秃鹫巢的位置都比较固定，一个巢可以用很多年，但每年都要对旧巢进行翻新，所以会使巢变得越来越大。

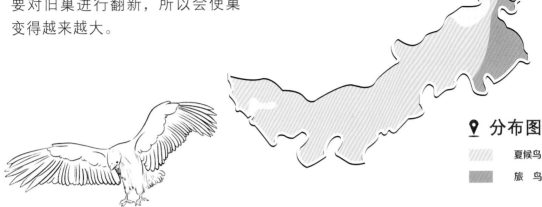

📍 **分布图**

▨ 夏候鸟

■ 旅鸟

▲ 捕食

 生活习性

秃鹫为什么是"秃头"？其实不止秃鹫，还有其他食腐鸟类的头也是秃的，或者是长有很短的绒毛。这是因为它们很多时候都要把头探进腐烂的动物尸体里吃腐肉和内脏，而鸟类在清洁自身羽毛的时候，头部是自己清理不到的，如果毛很长的话，很多烂肉和细菌就会在进食时粘在毛上，可能会导致生病。而"秃头"的个体因为这个优势存活下来，一代又一代，逐渐就形成了稳定的遗传基因。

巢穴 ▶

你知道吗？

秃鹫主要以腐肉为食，有趣的是，在争抢食物时秃鹫身体的颜色会发生变化。平时，它们的面部是暗褐色的，脖子是铅蓝色的，而它们在啄食动物尸体的时候，面部和脖子就会出现鲜艳的红色。这是在警告其他同类不要靠近。

68

短趾雕

Circaetus gallicus

鹰形目 · 鹰科 LC

短趾雕的头圆，颈部较短，
像极了大型猫头鹰。

虹膜黄色

 ♂

觅食 ▶

69

形态特征

　　短趾雕属于大型猛禽，全身灰褐色，额头和脸颊白色；喉部以上土褐色，其余下体白色，具有淡褐色斑纹。雌鸟与雄鸟类似，但雌鸟更大，尾巴稍长一些。

繁殖行为

短趾雕的适应能力很强，它们在干旱草原和荒漠草原等各种环境中都可以很好地生存。在繁殖期主要由雌鸟孵卵，雏鸟为晚成性，需要两个多月才可以离巢。

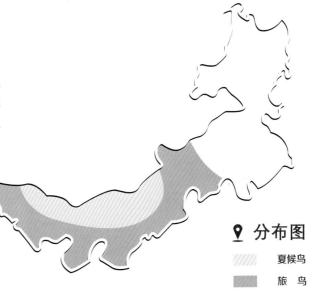

♀ 分布图

/// 夏候鸟

▨ 旅 鸟

▲ 飞行

生活习性

短趾雕主要以蛇等爬行动物为食，不过它们偶尔也会捕食野兔等哺乳动物。

短趾雕常独自在天空中飞行，观察猎物的行踪。它们在飞行中的姿态与黑鸢很像，两翅伸展后在空中滑翔。它们会将巢建筑在树枝的顶部，如果没有太大的损坏，巢穴可以使用多年。

▲ 捕食

你知道吗？

"短趾蛇雕"这个词的由来是因为短趾雕常常以蛇为食物，其中大部分蛇都是没有毒性的。而较短的爪子是为了捕蛇更加方便，所以短趾雕被人们称为"短趾蛇雕"。

乌雕
Clanga clanga

鹰形目·鹰科 VU

乌雕飞行时振翅的频率比
其他雕更快，幅度也更小。

喙黑色，
基部颜色较淡

虹膜褐色

♂　ad.

▲ 警惕

形态特征

　　乌雕全身暗褐色，背部具有紫色光泽，胸部为黑褐色。乌雕的
鼻孔与其他雕有所不同，乌雕鼻孔为圆形，其他雕则为椭圆形。

71

 繁殖行为

乌雕通常在森林中高大的树木上筑巢，收集一些小枝叶与枯枝进行修饰、铺垫内里，一般巢穴较大。乌雕每次产卵1个至3个，由雌鸟独自孵卵，雏鸟为晚成鸟，通常需要两个月左右才可以飞翔。

分布图

///// 夏候鸟

▓▓▓ 旅　鸟

张望 ▶

◀ 捕食

生活习性

乌雕主要以啮齿类动物、野鸡、鱼或者小型鸟类为食，有时也会吃腐肉与大型昆虫。

乌雕多在白天活动，常站在树枝上观察周围环境，寻找猎物的身影。在大自然中有许多因误食毒素而死亡的动物，由于乌雕偶尔也会吃腐肉，若刚好食用了这类死亡的动物，很容易"二次中毒"。

你知道吗?

如何区分雕类与鹰类?

第一，看体型。雕的体型相比鹰的体型更大一些。

第二，看腿毛。腿部没有毛的是鹰，腿部有毛的是雕。

第三，看食性。鹰一般喜欢吃鼠类等小型动物，而雕虽然也会捕食小型动物，但它们更喜欢吃羊和鹿等大型哺乳动物。

草原雕

Aquila nipalensis

鹰形目·鹰科 EN

从名字看，草原雕是生活在草原上的一种鸟类，其实并不是，它们会在各种生态环境中栖息。

虹膜黄褐色

▲ 警惕

♂

形态特征

　　草原雕全身羽毛以褐色为主，腹部有棕色纵纹，头显得很小。草原雕雌雄相似，雌鸟体型较大。

生活习性

草原雕主要以鼠类为食，偶尔也会吃小型鸟类、昆虫与哺乳动物。

📍 **分布图**

🔲🔲🔲 夏候鸟

▲ 捕食

张望 ▶

草原雕多在白天活动，主要通过在洞口附近"守株待兔"来捕食啮齿类动物。有时也会在空中盘旋寻找猎物的身影，一旦发现猎物的身影，它们便以最快的速度俯冲猎物。

草原雕的领地意识也非常强，如果附近没有它们的巢穴，它们不会长时间在附近的空中翱翔。

你知道吗？

研究人员为了研究和保护草原雕，曾在它们身上安装了追踪器，这个追踪器是以短信的方式来发送它们的位置。短信是会收费的，可有一只草原雕竟然远超出了预想的范围，短信积攒了好几个月后以非常昂贵的价格发送回来，所以这只草原雕不得不背负了巨额的账单。

金雕

Aquila chrysaetos

鹰形目·鹰科 (LC)

金雕的足属于常态足，三趾朝前，一趾朝后，适合抓握。

虹膜栗褐色

喙端黑色

♂

▲ 足部形态

形态特征

　　金雕属于大型猛禽，头黑色，上身暗褐色，背部具有紫色光泽，腹部黑褐色，腿上全部长着羽毛。

 **繁殖行为**

金雕是一夫一妻制，繁殖期由雌雄金雕共同孵卵。金雕宝宝从出生开始便会抢夺食物，较大的雏鸟总是会"欺负"较小的雏鸟。

◀ 张望

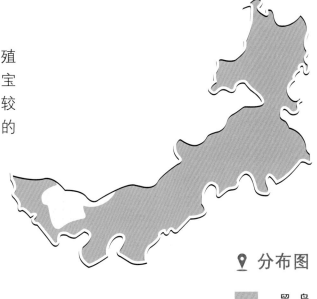

📍 **分布图**

　　　　留鸟

 生活习性

金雕主要以鹿、山羊、旱獭和雁鸭等动物为食，有时也会吃鼠类等小型动物。

金雕通常喜欢单独行动。它们的爪子十分锋利，可以轻松撕破猎物的表皮，将爪子插入血管或直接将猎物脖子扭断。有时也用强有力的翅膀攻击，使小型猎物在空中失去平衡，一时无法正常飞行，而金雕就可以轻松捕食了。

▲ 捕食

你知道吗？

金雕和狼谁更厉害？
经过训练的金雕可以长距离地追赶狼，等狼筋疲力尽时，金雕会一爪抓住狼的眼睛，一爪抓住狼的脖子，使狼无力反抗。曾有金雕创造了先后捕猎14只狼的纪录，但由于猎物体型太大，所以只能先在野外将猎物分成好几部分，再多次运送回居住地。

凤头蜂鹰

Pernis ptilorhynchus

鹰形目·鹰科 LC

凤头蜂鹰的头颈比较细长，是为了更好地深入蜂巢啄取蜂蛹而长期进化的结果。

虹膜橘黄色

喙灰色

♂

▲ 觅食

形态特征

　　雌雄凤头蜂鹰体型都比较大，眼周的羽毛像鱼鳞一样比较密集，喉部有"W"形的黑褐色条纹。它们的足趾和爪尖都很纤细，头后和枕部的羽毛比较细长，形成一个黑色的羽冠，像是头戴"凤冠"，很是俊美。

生活习性

凤头蜂鹰主要是以蜂类为食，也吃其他的昆虫，偶尔也吃蛇类、蜥蜴和小型哺乳动物等。

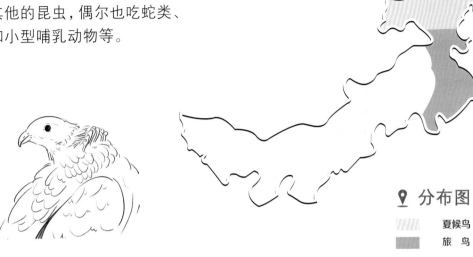

📍 **分布图**

/////// 夏候鸟

▨ 旅 鸟

▲ 颈部羽毛形态

繁殖行为

▲ 求偶

凤头蜂鹰的巢一般建在高大的乔木上，多数是以枯枝叶为材料，有时也会利用苍鹰的旧巢。在求偶时，雌鸟和雄鸟会共同在空中滑翔，之后急速下降，再缓慢盘旋，两翅向背后折起大约六到七次。

你知道吗？

凤头蜂鹰之所以叫这个名字是有来历的，"凤头"是因为它们头上生有冠羽，而"蜂"则是指它们酷爱吃野蜂，我们小时候只知道老鹰吃小鸡，没想到还有老鹰吃野蜂。

日本松雀鹰

Accipiter gularis

鹰形目·鹰科 LC

鸟躲避天敌是天性，所以人们会训练体型较小的猛禽，如雀鹰、日本松雀鹰和燕隼等来驱赶其他小型鸟类。

虹膜橙红色

♂

▲ 巢穴

形态特征

日本松雀鹰是一种小型猛禽，雄鸟上体深灰色，胸部棕色具有细羽干纹，尾部具有不明显的横斑；雌鸟上体褐色，下体淡棕色，密布褐色斑纹。

日本松雀鹰的名字中虽然含有"日本"两个字，但它们主要分布在中国，之所以被称作日本松雀鹰，只是因为最初为它们命名的人是在日本发现了它们。

📍 分布图

░░░░ 夏候鸟

▲ 飞行

♀

生活习性

日本松雀鹰主要以小型鸟类为食，偶尔也会吃昆虫和蜥蜴等动物。

日本松雀鹰喜欢"独来独往"，常在空中滑翔并伴随着尖锐叫声。它们通常在高大的树木上筑巢，巢虽然较小但非常结实。在孵卵期时，日本松雀鹰会变得十分警惕，如果有人在巢穴附近，它们就会展现出警备状态来驱赶闯入者。

你知道吗？

鸟类一直都是航空灾难中最头痛的问题，有着许多的不确定性，所以为了减少鸟类对航空的危害，人们开始训练"猎鹰"。

雀鹰

Accipiter nisus

鹰形目·鹰科 (LC)

雀鹰在繁殖期时，雄鸟
经常一边飞翔一边鸣叫，
叫声十分洪亮。

虹膜橙黄色

喙铅灰色，
喙基黄绿色，
尖端黑色

▲ 捕食

♂

形态特征

　　雀鹰雄鸟的上体灰色，头顶颜色较暗，背部暗灰色；下体白
色，腹部有红褐色横斑。雌鸟比雄鸟体型大，上体灰褐色，头部有
较多白斑，背部褐色；下体乳白色，腹部有着暗褐色的斑纹。

繁殖行为

雀鹰会将巢穴建筑在靠近树干的树枝上，巢穴较为固定，偶尔也会利用其他鸟类的旧巢。

▲ 巢穴

📍 分布图

///// 夏候鸟
▨ 旅　鸟

生活习性

雀鹰主要以鸟、昆虫和鼠为食，偶尔也会捕食野兔和蛇。

雀鹰80%的食物都是鼠类，所以它们也被称为"捕鼠小能手"。雀鹰通常会在白天捕食，飞行姿态十分灵活，它们会张开双翅飞翔一段时间，然后再滑翔，整个过程有种飞累了还需要休息一下的既视感。

♀

你知道吗？

雀鹰根据猎物的体型大小有着不同的捕食策略，捕食小型动物时，它们会在高处观察猎物，等到时机成熟就直冲向猎物，用尖锐的爪子将猎物捉回栖息地后再进食。在捕捉大型动物时，雀鹰不求一击即中，会采取多次进攻的方式，直至猎物失去反抗能力，才会开始进食。

白头鹞

Circus aeruginosus

鹰形目·鹰科 (LC)

白头鹞主要以鼠类、小型鸟类、蛙和昆虫等动物为食。

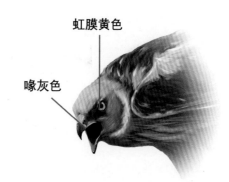

虹膜黄色

喙灰色

♂

▲ 捕食

83

 特征概述

　　白头鹞是鸟类中会"男扮女装"的伪装大师之一，也是猛禽中唯一会"伪装"性别的鸟类。在有繁殖能力时，一些雄性在羽色上会变得与雌性十分相似，还会模仿雌性的行为。而这身装扮多数从生命中的第二年获得并保持至死亡。

白头鹞的领地意识极强，雄性的白头鹞不允许附近有其他雄性出现，一旦出现便开始争斗。而那些"伪装"成雌性的雄鸟刚好减少了它们之间的争斗。

📍 分布图

夏候鸟

▲ 警惕

♀

形态特征

白头鹞因头部的羽色而得名，属于中型猛禽。白头鹞雄鸟头顶至后颈棕白色，具有灰色羽干纹，全身红棕色。雌鸟全身深褐色，头顶黄白色，眼部有黑色贯眼纹。

生活习性

白头鹞虽然会在空中飞翔寻找食物，但不会在空中捕猎，而是在地面上捕食。有一些猛禽，会把猎物带到固定的位置后才进食，而白头鹞通常刚抓到猎物便迫不及待地开始进食。

你知道吗？

白头鹞每年只孵育一次宝宝，由雌鸟负责孵蛋，雄鸟负责给刚孵化出的幼鸟宝宝喂食。

84

白腹鹞

Circus spilonotus

鹰形目·鹰科 (LC)

白腹鹞喜欢在开阔地带的芦苇丛中筑巢，巢穴有些简陋但十分温暖。

虹膜黄色

♂

大陆黑头型

▲ 飞行

形态特征

白腹鹞雄鸟头顶到后颈为灰黑色具有斑纹，尾部白色具有淡棕褐色斑纹。雌鸟上体褐色，尾部银灰色具有黑色横斑，腹部黄白色有褐色羽干纹。

繁殖行为

在繁殖期时，白腹鹞会捕食其他鸟类的幼鸟来喂养自己的宝宝，有时为了方便，会先将猎物撕碎后喂食。

 警惕

生活习性

📍 分布图

▨ 夏候鸟
▩ 旅　鸟

白腹鹞主要以啮齿类动物、蛇为食，偶尔也会捕食水中的鸟类，如鸊鷉等。

白腹鹞通常会在白天活动，多在芦苇丛上低空飞行，有时也会在空中悬停观察，一天的多数时间都会在天空中寻找猎物，发现猎物后便立即飞向目标。白腹鹞与其他猛禽不太一样，它们不喜欢栖息在高处，喜欢在低洼的地面上栖息。

你知道吗？

说到鹞会在空中悬停，可能有人会想到英国的鹞式战斗机，但其实能垂直升降的鹞式战斗机的发明灵感并不是来源于鹞，而是来自于跳蚤。

♀

86

鹊鹞

Circus melanoleucos

鹰形目·鹰科 LC

鹊鹞与其他鹞相比体色较为特殊，雄鸟的体色多为黑白两种配色。

虹膜黄色

 ♂

▲ 飞行

 **特征概述**

　　鹊鹞在飞行时，两翅会变成标准的"V"形，这样不仅可以慢慢在空中盘旋观察猎物，而且在确定目标后还可以加速追赶，使捕猎变得更加高效。

形态特征

鹊鹞的雄鸟头部与翅膀外侧为黑色，尾部银灰色，其余部位多为白色，在背部还有一个黑色"三叉戟"的造型。雌鸟上体黑褐色，背部多为棕色，下体污白色具有黑色斑纹。

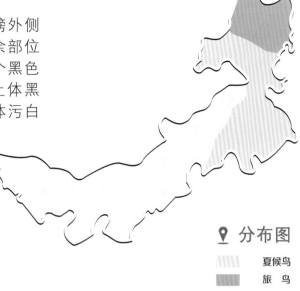

◀ 觅食

📍 **分布图**

▨▨▨ 夏候鸟
▨▨▨ 旅　鸟

♀

生活习性

鹊鹞主要以鼠类、小型鸟类和昆虫等动物为食。

鹊鹞与大多数猛禽不同，不会将巢建筑在树上或悬崖上，而是在草墩或地面上筑巢。它们的巢质量很高，如果没有非常严重的损坏，是可以用许多年的。它们一般会选择在早晨与黄昏进行捕食。

你知道吗？

鹊鹞是中型猛禽，但它们长得却和生活中常见到的喜鹊比较相似，所以它们也被称为"喜鹊鹰"。

白尾鹞

Circus cyaneus

鹰形目·鹰科 LC

在繁殖期时，白尾鹞常常成对在空中飞翔，它们通常将巢建筑在草丛或芦苇丛中。

虹膜黄色

头灰白色

♂

▲ 5枚翼指

形态特征

　　白尾鹞属于中型猛禽，雄鸟前额为灰白色并具有暗色的羽干纹，背部灰色，翅上银灰色，在耳后有一圈羽毛组成的皱领；尾部羽毛纯白色，中央银灰色。雌鸟上体暗褐色，下体棕白色具有棕黄色斑纹，耳后同样有圈皱领，尾部羽毛白色，中央灰褐色。

繁殖行为

白尾鹞宝宝出生后，白尾鹞妈妈负责在巢中保护，白尾鹞爸爸则会外出捕食。一个多月后，白尾鹞宝宝才可以离巢。

📍 **分布图**

▨ 夏候鸟

▨ 旅鸟

▲ 飞行

生活习性

白尾鹞主要以鼠类、昆虫和小型鸟类等动物为食。

白尾鹞通常在早晨与黄昏最为活跃，因为体型较小所以很少在空中捕猎，一般找准目标后会直接冲向猎物，然后利用自己的尖嘴利爪来撕碎猎物。由于白尾鹞体型较小，所以很少会将猎物带到高处。

♀

你知道吗？

白尾鹞体形轻盈，它们有5枚翼指，相比其他小型鹞，白尾鹞的"手掌"会更宽，"手臂"也更加粗壮。

黑鸢
Milvus migrans

鹰形目·鹰科 Ⓛ

黑鸢通常会将巢筑在高大的树木上或悬崖峭壁上，然后收集枯草和羽毛等垫在巢穴之中。

虹膜暗褐色

喙黑色

♂

▲ 飞行

🐦 形态特征

黑鸢全身褐色，上体具有黄色与不明显的暗色斑纹，翅膀淡褐色具有黑褐色羽干纹。它们有6枚翼指，常常在空中独自飞翔。

繁殖行为

黑鸢喜欢"捡垃圾",它们会利用收集所得的塑料袋、布料或纸张布置巢穴,尤其白色的物品十分显眼,以此来告知其他同类:"这是我的领土,不要轻易接近。"

📍 **分布图**

▨▨▨ 夏候鸟
▨▨▨ 留　鸟

▲ 飞行

生活习性

黑鸢主要以小鸟、鼠类、野兔或昆虫为食,也会吃家禽与腐肉。

黑鸢是鹰科中分布最广的鸟类,经常一边飞,一边发出尖锐的鸣叫声。飞行时翅膀保持不动,像船只的舵一般,控制着前进的方向。它们的视力也极好,常在天空中一边盘旋一边观察猎物。

▲ 巢穴

你知道吗?

一般的鸟类碰到火灾都会火速逃离,而黑鸢不仅不会逃离还会再"添一把火"。曾有消防员讲述,当火势减弱时,黑鸢总会叼着带有火苗的树枝飞向附近没有火灾的位置,这是为什么呢?仔细想想,原来黑鸢是吃腐肉的呀,它们怎么会错过这饱餐一顿的机会。

92

灰脸𫛭鹰

Butastur indicus

鹰形目·鹰科 ⓁⒸ

灰脸𫛭鹰主要在早晨与黄昏觅食。它们通常单独活动，只有迁徙时才会集群。

虹膜黄色

喙黑色，
基部橙黄色

♂

▲ 觅食

🐦 形态特征

　　灰脸𫛭鹰是中型猛禽，上身棕褐色，胸部为白色并有棕褐色横斑；尾羽为灰褐色，上面具有较宽的黑褐色横斑。

93

繁殖行为

在繁殖期，鸢鹰爸爸主要负责外出捕食，鸢鹰妈妈负责保护巢和修补巢。

📍 分布图

▨ 夏候鸟

▲ 喂食

▲ 哺育

生活习性

灰脸鸢鹰主要以蛇、蛙、鼠类、野兔或小型鸟类为食，有时也会吃昆虫和动物尸体。

灰脸鸢鹰在筑巢时十分挑剔，会选择在人类活动较少的地区，通常将巢筑于树的顶端或山坡高处，这样可以时刻观察周围的环境。

你知道吗？

灰脸鸢鹰会捕食蛇、蟾蜍和蜈蚣等带有毒性的动物，那它们不会中毒吗？

不会，毒液需要在血液中才能发挥毒性，灰脸鸢鹰非常清楚这点。虽然小动物们会释放毒液，但只要防止毒液进入到血液中，吃它们的肉是不会中毒的。

毛脚鵟

Buteo lagopus

鹰形目·鹰科 LC

毛脚鵟主要以小型啮齿
类动物为食，偶尔也会
捕食小型的鸟类。

虹膜黄褐色

♂

▲ 飞行

形态特征

　　毛脚鵟是非常耐寒的猛禽，头顶乳白色具有黑褐色的羽干纹；背部暗褐色，尾羽洁白，末端具有黑褐色斑纹。毛脚鵟主要在靠近北极附近的地区活动，所以它们有着自己专属的"雪地靴"，有厚厚的羽毛覆盖着脚趾。

繁殖行为

毛脚鵟通常会在河流附近的悬崖峭壁上或树上筑巢，巢穴非常大，多用枯枝与干草筑成。毛脚鵟在食物充足的时候会生许多宝宝，而在食物严重缺乏时只会生两三个宝宝。

📍 **分布图**

▨ 冬候鸟

◀ **捕食**

哺育 ▶

生活习性

毛脚鵟一般在白天觅食，它们大多单独行动，喜欢在天空中盘旋。毛脚鵟在捕食时也有着自己的策略，它们会长时间埋伏在地上或是电线杆上，而且隐藏得极好，不易被发现，等到猎物出现时，会突然出击，给"猎物"一个措手不及。

你知道吗？

如我们人类看脸就可以大概猜出性格一样，毛脚鵟根据羽色的不同也会有不同的性格。羽色较浅的容易让人接近，羽色深的则非常机警。

96

普通鵟

Buteo japonicus

鹰形目·鹰科 (LC)

普通鵟能观察到比人远30倍的东西，就算在2000多米的高空飞行也能准确"定位"猎物的位置。

喙灰色，喙尖黑色

虹膜黄褐色

♂ 棕色型

▲ 张望

97

 特征概述

　　普通鵟的足为常态足，它们的脚趾粗壮，爪十分尖利，可以准确地捕捉到猎物，甚至可以直接刺伤猎物，使猎物无法反抗。

形态特征

　　普通鵟上体深红褐色，有明显棕色髭纹，下体为暗褐色具有棕色斑纹，体色变化较大。它们在飞翔时尾羽呈扇形散开，姿态十分美丽。

▲ 飞行

▲ 捕食

分布图

░░ 夏候鸟

▨ 冬候鸟

▨ 旅　鸟

生活习性

　　普通鵟主要以鼠类为食，偶尔也会捕食蛙、野兔和小型鸟类等动物，它们的食量很大。

　　普通鵟喜欢单独活动，通常会在高大的树冠或陡峭的斜坡上筑巢，普通鵟宝宝孵出后由父母共同哺育，但巢中幼鸟的成活率仅有35%。

你知道吗？

　　普通鵟是常见的猛禽之一，说到常见不仅是因为它们的数量多才常见，而是因为它们常在白天活动，喜欢在农田附近活动或蹲在电线杆上，如此"显眼"才比较常见，因此被称为"普通鵟"。

98

棕尾鵟

Buteo rufinus

鹰形目·鹰科 LC

棕尾鵟主要以蛙、蛇、啮齿类动物与小型鸟类为食，偶尔也会食用鱼和其他动物的尸体。

虹膜黄褐色

♂

▲ 巢穴

99

形态特征

     棕尾鵟的体色分为暗色与浅色两种，但总体与其他鵟相比羽色更加浅一些。棕尾鵟上体淡褐色，具有褐色斑纹，与其他鵟不同的是尾羽上没有横带，仅有暗色横斑。

 **繁殖行为**

在幼鸟后期即将离巢的阶段，鸳妈妈为了锻炼宝宝们的捕食能力，会将食物撕碎抛在空中，虽然对幼鸟来说有些困难，但这也是鸳妈妈作为母亲的爱。

📍 **分布图**

旅 鸟

◀ 张望

警惕 ▶

 生活习性

棕尾鸳有"赛鸽高手"的称号，在印度梅兰加尔城堡，棕尾鸳是最早到达此地的迁徙鸟类，所以它们迫切需要饱餐一顿，而这里成群的鸽子就是它们最好的食物。成群的鸽子采取了迅速降落的策略来躲避棕尾鸳，如果被棕尾鸳盯上它们会飞快地躲进建筑物的空隙中以逃过一劫。但棕尾鸳可不是吃素的，它们会上升自身的飞行高度，观察着哪只鸽子最适合做"午餐"，然后快速冲向猎物。

你知道吗？

棕尾鸳喜欢干燥的荒漠，它们常常站在电线杆上观察着周围的环境，在天空飞翔时也紧紧盯着地面，一旦有猎物便冲下去捕捉。有趣的是，棕尾鸳也会在地上走来走去捕食地上的昆虫，像是小鸡在地上觅食一样，样子十分可爱。

大鵟

Buteo hemilasius

鹰形目·鹰科 (LC)

大鵟分为暗色型、浅色型与中间型三种羽色，其中暗色型与浅色型两者差异较大。

喙黑褐色，喙基颜色较淡

虹膜黄褐色

♂ 浅色型

▲ 捕蛇

形态特征

    暗色型的大鵟上体暗褐色，头颈部淡褐色，下体淡棕色有着暗色羽干纹。浅色型的大鵟头顶颈部几乎全是白色，具有暗色羽干纹。大鵟的外形与其他的鵟类似，但体型比其他鵟的体型都大。

 繁殖行为

　　大鸳通常将巢建筑在悬崖峭壁上，它们会重复利用自己的旧巢，所以巢被修得越来越大，大鸳可真会"勤俭持家"呀!

▲　捕食

巢穴　▶

你知道吗?

　　鸟类会抛弃人类碰过的后代吗? 不会。鸟的嗅觉并不灵敏，有些鸟可以察觉到腐肉产生的气味，但没有鸟能辨别出人的味道。尽管如此，我们还是要与野生动物保持距离，这样才是真正地保护它们。

📍 **分布图**

▨ 夏候鸟

 生活习性

　　大鸳主要以蛇和蛙为食。

　　大鸳有着高超的捕蛇技术，抓住蛇之后会将它带离地面飞向天空，蛇并不甘心，想要利用自己柔软的身体缠住大鸳，又或是利用毒牙为逃脱创造机会。可大鸳才不会给蛇逃脱的机会，当它察觉到蛇的异动后会立即张开爪子，将蛇摔落至地面，然后它会俯冲下去将蛇再次抓起，重复几次后，蛇便无力反抗了。

雪鸮

Bubo scandiacus

鸮形目·鸱鸮科 (VU)

雪鸮是体型较大的一种猫头鹰，
雌性的体型比雄性的大。

虹膜金黄色

♂

▲ 吐球

103

形态特征

　　雪鸮头小而圆，雄鸟几乎全身雪白，眼部有少许斑纹，腰部具
有褐色细纹。雌鸟与雄鸟相似，但头部、背部有暗色斑纹。幼鸮和
雌性雪鸮头部有着相同的斑纹，所以头部的斑纹是区分雪鸮成鸟与
性别最明显的特征。

 **繁殖行为**

雪鸮的生存环境非常恶劣，所以它们的繁殖与其他鸟类有所不同。在食物充足的情况下，一年会繁殖一次，如果食物缺乏，它们会选择不繁衍后代。

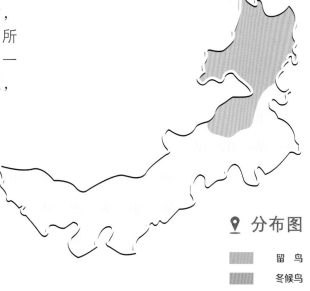

📍 **分布图**

　　　　　　留　鸟

　　　　　　冬候鸟

▲ 捕食

生活习性

雪鸮以小型哺乳动物为食，以旅鼠与岩雷鸟为主，也会捕食老鼠、旱獭、鸭和鹅等动物。

雪鸮在白天活动，夜晚休息。它们大部分时间会站在高处寻找猎物的身影。它们的眼睛和我们所看到的有所不同，它们的眼球是柱状的，所以不能转动，只能依靠可以转动270°的脖子将视野变得更加开阔。

♀

你知道吗？

　　猫头鹰在进食之后吐出的球状物是什么？

　　猫头鹰在进食之后，它们的消化器官只能消化掉鼠类或鸟类的肌肉和脂肪等，而部分骨骼、毛发或泥土这些无法被消化的物质，便会形成"毛球"的样子被猫头鹰从口中吐出。

104

雕鸮

Bubo bubo

鸮形目·鸱鸮科 LC

雕鸮被誉为"孤独的侠客"，因为除繁殖期外它们喜欢单独行动。

显著的耳羽簇

虹膜橙红色

喙铅灰黑色

♂

▲ 正面形态

特征概述

　　雕鸮的羽毛具有消音功能，飞羽边缘的"小锯齿"可以分散声波，厚厚的绒毛减少了翅膀表面的气压，所以可以达到消音的效果。

　　雕鸮的脖子可以转动的角度非常大，但可不是360°。它们的头可以转动270°，而且它们的颈部结构也很特殊。它们有14块颈椎骨，颈椎骨中间是有空隙的，负责供血的血管从中间穿过，极大程度上为雕鸮在转动头部时的供血保驾护航。

◀ 张望

📍 分布图

▭ 留鸟

形态特征

雕鸮是大体型的猫头鹰，头部淡黄棕色，有褐色细斑，头的两侧有着突出的"小耳朵"，胸部棕色，具有黑褐色波状纹。炯炯有神的大眼睛看起来十分威猛。雕鸮喜欢在人迹罕至的地方活动。

▲ 捕食

繁殖行为

别看雕鸮在捕食时那么凶猛，它们可是"好丈夫"的代表。雕鸮一般是"一夫一妻"制，在繁殖期时，雄鸟会照顾"妻子"与小鸮宝宝，每天负责外出捕食，捕到食物就会将食物送回巢穴。

你知道吗？

鸮是什么？
鸮一般泛指猫头鹰，是古代对于猫头鹰这类鸟的统称，现在多用来命名鸮形目猛禽。鸮大多为夜行性，人们把它们称为"夜猫子"。

乌林鸮

Strix nebulosa

鸮形目·鸱鸮科 **LC**

乌林鸮主要以啮齿类动物为食，
也会吃小鸟和小鸡等。

喙黄色　虹膜黄色

 ♂

▲ 飞行的"导弹"

 形态特征

　　乌林鸮的面部呈灰白色的圆形，面部具有一些波纹状的黑色同
心圆，眼睛中间有着白色似月亮的斑纹，耳部没有簇羽；上体以灰
褐色为主，下体灰白色。

繁殖行为

乌林鸮是一夫一妻制，乌林鸮爸爸负责外出觅食，将找到的食物带回家，留给辛苦孵卵的乌林鸮妈妈与宝宝后再继续外出寻找食物。

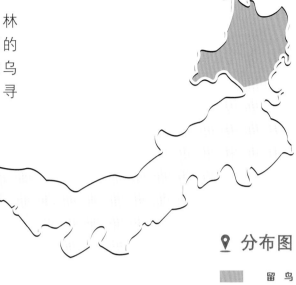

📍 分布图

留鸟

▲ 张望

生活习性

乌林鸮喜欢单独活动，一般在晚上觅食。它们常在高大树木的树枝上观察着周围的环境与猎物。乌林鸮在飞行时快速且无声，从正面看它们飞翔的样子只有一张大脸，从侧面看仿佛是一颗飞驰的导弹。

"全家福" ▶

你知道吗？

乌林鸮属于大型猫头鹰，它们的头看起来非常大。随着人们的深入了解，与其他体型相同的猫头鹰相比，乌林鸮的骨骼的确是偏小一些，也就是说乌林鸮天生身体小，所以才显得头大。

花头鸺鹠
Glaucidium passerinum

鸮形目·鸱鸮科 （LC）

花头鸺鹠是一种小型猫头鹰。头上没有耳羽，所以脑袋看起来圆圆的，十分呆萌。

头顶有点状斑纹　　虹膜鲜黄色

♂

▲ 筑巢

 特征概述

　　我们平常见到的花头鸺鹠都是在树洞中或是站在树枝上休息，但小时候的花头鸺鹠睡觉是趴着的！原来是因为它们的头太沉了，而脖子太细无法撑起头的重量，所以只好趴着睡觉。

仔细看，你会发现趴着的花头鸺鹠竟然露出了它们的大长腿，揭开腿部的羽毛，花头鸺鹠为我们展示了"脖子以下全是腿"的画面。

📍 **分布图**

▨ 留鸟

▲ 睡觉

🐦 **形态特征**

花头鸺鹠的体型很小，眼周与眉纹白色，上体是灰褐色，头、背、肩有白色斑点。花头鸺鹠十分凶猛，爪子强健有力，可以捕食比自己体型大的动物。

生活习性

花头鸺鹠主要以鼠类为食，也吃蜥蜴、昆虫与小型鸟类。

花头鸺鹠常在夜间活动，一般会在树洞中筑巢。在冬天时，它们有储存食物的习惯，会将捕来的食物放入树洞中。

领鸺鹠 ▶
正面与背面

正　　背

你知道吗？

鸺鹠家族中有一种鸺鹠十分特别，那就是领鸺鹠，它们可是个"两面派"。领鸺鹠头后方有两块黑斑，黑斑周围有着黄色条纹，组合在一起有两个眼洞的既视感，像极了两个眼睛。所以从背后看领鸺鹠仿佛背后有一双眼睛在看着我们。

110

纵纹腹小鸮

Athene noctua

鸮形目·鸱鸮科 Ⓛ

纵纹腹小鸮与其他鸮类有所区别，它们的体长只有23厘米左右。如果将头部缩起来，那可真是巴掌般大小。

虹膜亮黄色

白色眉纹

♂

▲ 头骨

111

 **形态特征**

　　纵纹腹小鸮看起来胖乎乎的，上体褐色，具有白色纵纹。下体白色，具有褐色纵纹。

由它们的头骨得知，真正的耳朵位于眼睛的两侧，并且它们的耳朵没有耳廓，而是两个高低不同的耳孔，恰恰也是因为这个原因，鸮类有了超强的听力。

▲ 奔跑

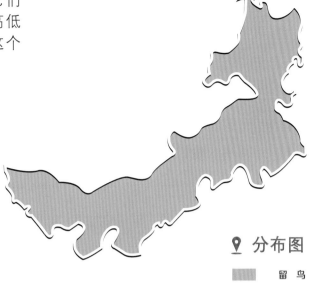

📍 分布图

▨▨▨ 留鸟

◀ 张望

生活习性

纵纹腹小鸮主要以昆虫和鼠类为食，也会捕食蛙类和小鸟等动物。

纵纹腹小鸮通常会生活在悬崖的缝隙、岩洞或树洞中。它们的领地意识极强，领地相当于两个普通操场的大小，雄性小鸮一生都会住在领地之内，一旦有入侵者则会立即驱逐，警告时会发出尖锐的"咔嗒"声。

你知道吗？

你以为鸮只会飞行？

不，它们不仅会在树枝或树桩上捕猎，还会依靠强壮有力的双腿在地面上"短距离冲刺"来追击猎物。

长耳鸮
Asio otus

鸮形目 · 鸱鸮科 LC

长耳鸮在繁殖期非常喜欢鸣叫，
会发出低沉的"呜－呜"声。

长长的耳羽

虹膜橙红色

 ♂

▲ 正面形态

113

 形态特征

　　长耳鸮面部为棕黄色，头两侧有长长的耳羽，从远处看仿佛是
长长的耳朵；上身棕黄色，下身棕白色且有黑褐色斑纹。它们有着
超强的捕鼠能力，因为两边不对称的耳孔可以听到积雪下鼠类活动
的声音，并通过声音来确定它们的位置从而将其捕食。

当然，它们尖利的爪子也十分特别，一般情况下是三趾朝前，一趾朝后，但当它们需要抓捕猎物时，外侧的趾便可以翻转到后方，变成两前两后，利于抓捕。

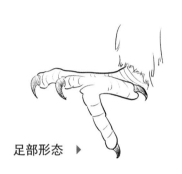

足部形态 ▶

📍 分布图

░░ 夏候鸟

生活习性

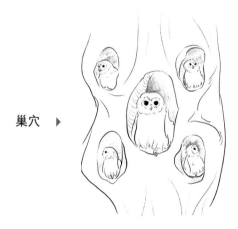

巢穴 ▶

长耳鸮主要以啮齿类动物为食，也会捕食昆虫与雀类、莺类等小型鸟类。它们常在夜晚活动，白天一般会躲藏在树林中。它们通常会将其他大型鸟类的旧巢稍加修补，或在树洞中筑巢。

你知道吗？

长耳鸮有许多的别名，如长耳木兔、彪木兔、猫头鹰等。提到名字，长耳鸮很不满，强烈要求改名字！长耳鸮："拒绝以貌取鸮，被叫作猫头鹰也就算了，我可是天空中的猛禽！不能因为我的'耳朵'长就把我比作兔子吧，更何况我这可不是耳朵，而是耳羽！"

短耳鸮

Asio flammeus

鸮形目·鸱鸮科 LC

短耳鸮在繁殖期会一边飞翔一边鸣叫，发出 "不－不－不" 的声音。

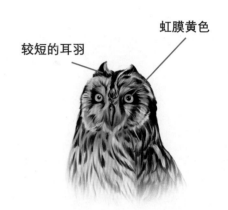

较短的耳羽

虹膜黄色

♂

▲ 鸣叫

115

形态特征

　　短耳鸮金黄色的眼睛炯炯有神，全身为黄褐色，耳羽短小，一般不明显；上体为黄褐色，有着黑色与皮黄色斑，下体为皮黄色，有着暗褐色斑纹；飞行时翅上黑色斑纹十分明显。

生活习性

短耳鸮主要以鼠类为食，也会吃小鸟、昆虫与植物种子。

我们都听说过"猫抓耗子"，其实短耳鸮抓耗子的能力也很强。短耳鸮虽然飞行能力不强，

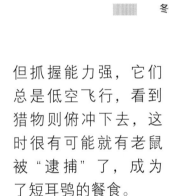

📍 分布图

旅　鸟
冬候鸟

◀ 飞行

但抓握能力强，它们总是低空飞行，看到猎物则俯冲下去，这时很有可能就有老鼠被"逮捕"了，成为了短耳鸮的餐食。

短耳鸮多在黄昏与夜晚觅食，通常会潜伏在草丛中，很少会在树上休息。短耳鸮飞行时不会飞得很高，总是贴着地面飞行。短耳鸮会选择将巢建筑在沼泽地附近的草丛或朽木洞中，再收集些枯草，温暖的巢就完工啦。

捕食 ▶

你知道吗？

鸮类的耳羽是由羽毛重叠而成，这簇耳羽可以直接表露出自己的情绪，在遇到危险时，它们的耳羽就会竖起来，告知同伴有危险袭来。

116

黄爪隼

Falco naumanni

隼形目·隼科 LC

黄爪隼宝宝是晚成鸟，出生后主要由雄鸟喂食，大约一个月后才可以飞行。

头蓝灰色

♂

▲ 捕食

 形态特征

　　黄爪隼雌雄羽色差异较大，雄鸟头部淡蓝灰色，背部砖红色无斑纹，腹部棕黄色具有黑色圆斑。雌鸟头部棕黄色，眼睛上方有一条白色眉纹，背部棕黄色具有黑色横斑，腹部淡棕黄色具有黑色纵纹。

生活习性

黄爪隼主要以蝗虫、甲虫和金龟子等昆虫为食，也会捕食小型鸟类与啮齿类动物。

📍 分布图

▨▨▨▨ 夏候鸟

▨▨▨▨ 旅 鸟

▲ 警惕

 繁殖行为

黄爪隼会在岩洞、碎石甚至是悬崖峭壁上建筑巢穴，偶尔也会在大树洞中筑巢。

在繁殖期，雌鸟和雄鸟会轮流进行孵蛋，但主要由雌鸟负责。黄爪隼是巢穴忠实的守卫者，雌鸟负责孵蛋，而雄鸟除了捕食外，几乎在巢外寸步不离，守卫着自己的家。如果有其他鸟类频繁地飞来飞去，它们就会立即驱赶这些"入侵者"。

♀

你知道吗？

黄爪隼与红隼的雌性如何区分呢？

黄爪隼的爪为浅黄色，红隼的爪为黑色。黄爪隼飞行时的尾部为楔形，红隼飞行时的尾部为扇形。

118

红隼

Falco tinnunculus

隼形目·隼科 （LC）

红隼一般会在白天捕食，
它们会在空中盘旋，以便
更好地搜寻猎物。

虹膜暗褐色

喙蓝灰色，
基部黄色

♂

▲ 正面形态

 特征概述

　　红隼的眼球与其他隼类相比较小，但是它们却有一个独一无二
的特点——可以看到紫外光，通过田鼠的尿液反射出的紫外光来确
定田鼠的行动轨迹及藏身之处，这样便可以轻松抓捕到猎物。

形态特征

　　红隼的雄鸟体型比雌鸟小一些，并且雌鸟与雄鸟的外观有所不同。雄鸟头顶为蓝灰色，有细细的黑色羽干纹，背部赤褐色有少量黑色斑纹。雌鸟上体褐色，头部有较粗的黑色羽干纹，背部布满黑色斑纹。

▲ 飞行

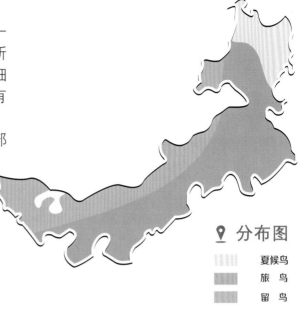

📍 分布图

▨ 夏候鸟
▨ 旅　鸟
▨ 留　鸟

生活习性

　　红隼主要以鼠类、雀形目鸟类或蝗虫和蟋蟀等昆虫为食。

繁殖行为

　　红隼常在悬崖和岩石的缝隙中筑巢，有时也会侵占其他鸟类的旧巢。在城市中偶尔也能看到它们的身影，它们会在高楼上筑巢，在电线杆上停歇，不停地观察着周围环境，等待猎物的出现。

♀

你知道吗？

　　红隼很少像游隼一样急速飞行，它们多在空中盘旋。但它们有一个特殊的技能，就是可以在空中悬停。在捕猎时，用这种方式可以更好地观察猎物，一旦确定位置，便会直接俯冲下去抓捕猎物。

红脚隼

Falco amurensis

隼形目·隼科 (LC)

红脚隼大多喜欢单独行动，而到了繁殖期或迁徙期便会集群活动，是猛禽家族中少见的长距离迁徙鸟类。

喙黄色

♂

▲ 张望

形态特征

红脚隼雄鸟全身深灰色，腹部颜色较浅，具有黑褐色羽干纹。雌鸟全身灰黑色，背部有黑色横纹，颈部白色，腹部淡黄白色，具有黑褐色纵纹与黑斑。

 生活习性

红脚隼主要以蚱蜢和金龟子等昆虫为食，偶尔也会捕食小型鸟类或其他小型脊椎动物。

📍 分布图

▓▓▓▓ 夏候鸟

▲ 觅食

♀

红脚隼善于捕捉昆虫，其中多数为害虫，在消灭害虫方面红脚隼功绩卓越，所以农民伯伯们都非常喜欢它们。远远看，它们站在树上的样子像极了八哥，很难将它们与"猛禽"这两个字联系在一起，只有当它们张开双翼时，才能证明它们猛禽的身份。

你知道吗？

红脚隼迁徙的路程到底有多远呢？它们的繁殖地在亚洲，冬天要到非洲大草原，往返需要飞行三万公里左右，相当于绕了大半个地球，真可谓是小身材蕴含着大能量啊，不愧是猛禽中的迁徙王者。

灰背隼

Falco columbarius

隼形目·隼科 (LC)

灰背隼主要以小型鸟类、鼠类、昆虫为食，也会捕食蛙和蜥蜴等小型动物。

虹膜暗褐色

▲ 警惕

♂

形态特征

    灰背隼是体型较小的一种隼，雌鸟与雄鸟的外观有所不同。雄鸟头和身体呈蓝灰色，具有黑色细纹，尾黑色。雌鸟全身栗褐色，布满褐色斑纹，尾褐色。

 **繁殖行为**

灰背隼通常会在树上或者悬崖岩石之上筑巢，不过它们其实并不愿意自己筑巢，所以经常会占用乌鸦或喜鹊的旧巢，只要稍加修饰便可以投入使用。

📍 **分布图**

　　 旅　鸟

▲ 觅食

♀

你知道吗？

雌性灰背隼和雌性红隼的外形很像，但红隼的尾巴较大，而灰背隼的则较小，所以灰背隼的短尾巴无法支撑它们在空中悬停。

生活习性

灰背隼主要依靠飞行捕食，常常会去追捕鸽子，所以被人们称为"鸽子鹰"。它们在告警时会发出刺耳的叫声。

灰背隼飞行迅速，通常喜欢单独行动。虽然体型小，但十分凶猛，它们头部的定位能力很强，可以更好地确定猎物的位置。不过体型小也并不是什么缺点，正因为体型小，灰背隼才特别适合在空中急转弯。

猎隼
Falco cherrug

隼形目·隼科 **EN**

猎隼的"猎食高手"形象
得益于它们的身体构造，
与同体型的隼类相比，猎
隼的翅膀更宽，所以飞行
的速度更快。

喙黑色　　虹膜金黄色

♂

▲　正面形态

特征概述

　　猎隼的爪子大而锋利，嘴虽然短却十分有力，因此才有了"猎
食高手"的称号。
　　隼类是捕猎圈的佼佼者，它们有着超强的视觉能力。人与鸟的

视网膜上都有负责分辨色彩的视凹，与人类不同的是，隼竟然有两个视凹，而人类只有一个，所以它们的眼睛十分敏锐。例如美洲隼可以在 18 米以外的地方看到一条几毫米长的昆虫。

◀ 飞行

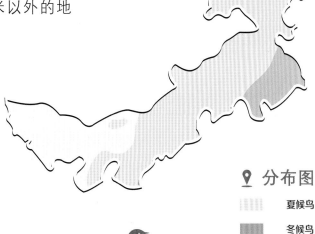

📍 分布图

▨ 夏候鸟

▤ 冬候鸟

 形态特征

捕食 ▲

猎隼属于大型隼，它们的上体为褐色并具有横斑，头顶浅褐色，有白色眉纹。雌性猎隼的体型比雄性猎隼大，显得十分 "彪悍"。猎隼是出了名的猎食高手，虽然体型相比其他鸟类不是很大，但在猎物眼中可是 "死神" 一般的存在，只要被它们选中的猎物基本都是 "一击即中"。

你知道吗？

猎隼在捕食小型鸟类时，有着更加高效的方法。它们会用翅膀猛击小型鸟类，使其失去平衡从空中下坠，这时猎隼会快速俯冲，将其捕获。

生活习性

猎隼主要以小型鸟类、野兔和鼠类等动物为食。

燕隼

Falco subbuteo

隼形目·隼科 LC

燕隼主要以雀形目的小鸟为食，偶尔也会吃蜻蜓和蝗虫等昆虫。

白色眉纹

虹膜黑褐色

▲ 齿突

♂

形态特征

　　燕隼是小型猛禽，它们的上体为暗蓝灰色，有条细细的白色眉纹，背部黑灰色，腹部白色布满了黑色斑纹。

 **繁殖行为**

　　燕隼很少会自己筑巢，基本都是占用其他鸟类的巢。

　　在繁殖期，雄鸟嘴中衔着食物，以一种"踩高跷"的行走姿势走向雌鸟，一边点头，一边将两腿分开，将食物交给雌性后即完成"结婚"的仪式。

📍 **分布图**

░░░░ 夏候鸟

▲ 飞行

 生活习性

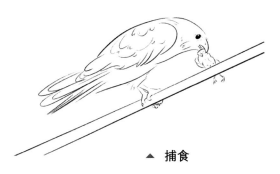

▲ 捕食

你知道吗？

　　隼多数以鸟类或其他哺乳动物为食，在它们喙前端的两侧有一个明显的齿突，撕扯猎物的时候，齿突就可以变身为"牙齿"，发挥着如人类牙齿一样的功能。

　　燕隼与其他隼一样在白天活动，但在黄昏更加频繁一些。

　　燕隼的飞行速度非常快，虽然比不上游隼，但只要被它们盯上的猎物都难以逃脱。捕捉到猎物后的燕隼似乎有些"迫不及待"，它们会在空中边飞边进食，吃饭与飞行，互不耽误。地面上昆虫较多的时候，燕隼也会在地面上觅食。

———— • • • ————

　　攀禽是一种善于攀援的鸟类。它们的足为了适应不同环境的需求，进化出了多种样式，如啄木鸟的对趾足和普通雨燕的前趾足等。除了足比较特殊之外，它们的嘴部和尾部也有支撑身体的作用。

内蒙古常见鸟类
手绘图鉴

天地精灵

攀禽篇

普通雨燕

Apus apus

夜鹰目·雨燕科 LC

普通雨燕的雏鸟能够长时间地抵御寒冷和饥饿。它们在天气恶劣的情况下，可以一周甚至更久不进食。

虹膜暗褐色

喉白色

♂

▲ 趾的形态

形态特征

　　普通雨燕的羽色并不艳丽，全身几乎是黑褐色，喉部至上胸处为白色，可以说是很普通，但它们惊人的飞行速度就像流星划过夜空一样，水平飞行的速度最快可以达到每小时170千米，远远超过陆地奔跑健将——猎豹，而向下俯冲的时候可以超过每小时200千米。

131

生活习性

普通雨燕喜欢吃一些飞行类昆虫，可是当天气变冷的时候，它们就会面临食物短缺的问题。为了更好的生存，成鸟会储存大量的皮下脂肪，而且它们的卵也比其他鸟类的卵更耐寒。

🔴 分布图

▨ 夏候鸟

◀ 飞行

 文化链接

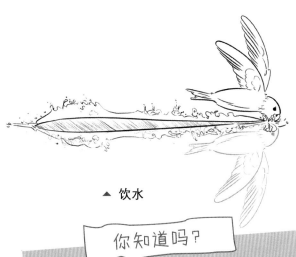

▲ 饮水

你知道吗？

普通雨燕对配偶很忠诚。在繁殖期间它们会吃掉大量对农林有害的昆虫。它们的自然寿命比较长，平均寿命在15年，最长可以达到21年，唯一可以威胁到它们生命的就是鹰隼等大型鸟类和人类了。

普通雨燕的名字很容易引起误会。第一，名字中有"普通"两个字，可并不是"平常"的意思，而指的是很常见；第二，名字中带有"燕"字，却和我们常见的小燕子没有多大的关系，只是身形比较相似。普通雨燕的拉丁名是 *Apus apus*，其中 *apus* 就是雨燕的意思，而这个词又起源于希腊语 απουσ，即"无脚之燕"。它们的脚很短小，几乎看不到，而且四个脚趾都朝前，也是一种奇葩的存在。

白腰雨燕

Apus pacificus

夜鹰目·雨燕科 LC

生命在于运动，这点在白腰雨燕的身上体现得可谓是淋漓尽致。

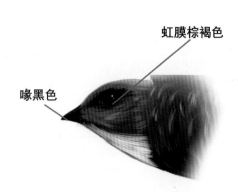

虹膜棕褐色

喙黑色

♂

飞行

特征概述

　　新生的白腰雨燕从学会飞行开始，除了短时间的着陆休息以及在繁殖期产卵的时候会降落，它们大约两三年的时间不落地，一直在天空中自由地飞翔，吃喝拉撒睡都在空中解决。饿了的时候就会张开嘴巴捕捉一些飞虫，渴了的时候就会从水面掠过，困了的时候就会飞到高高的天空，以每秒8.5米的速度缓慢飞行，然后眯着一只眼睛睡觉，天空就是它们的归宿。或许它们也想做一只普通的鸟，可事实是，一旦落到草地上就只能等待死亡。

▲ 巢穴

◄ 捕食

你知道吗？

你知道雨燕为什么可以连续飞行很长时间吗？

这与雨燕的身体结构有着密不可分的关系。它们的身体为流线形，翅膀纤细而弯曲，就像镰刀似的，可以提供足够的上升力并帮助它们长时间地连续飞行；短小的脚可以减轻重力；又状的尾巴可以帮它们及时调整方向，所以雨燕这一生可以飞行几百万公里。

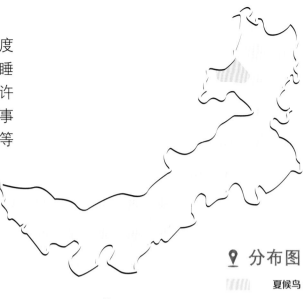

📍 分布图

▨ 夏候鸟

形态特征

白腰雨燕，不难想到它们的腰是白色，在深棕色的身体上很是醒目，像是戴了一条白色的"腰带"。白腰雨燕的脚像普通雨燕一样，都很短小，所以不适合在平地上行走。但它们的翅膀又大又长，和腿长的比例着实不太协调，但这也造就了它们无可比拟的飞行能力。

繁殖行为

每年的5月到8月，白腰雨燕就会成群地选择距离水源较近的悬崖峭壁筑巢，成鸟会用自己的唾液将一些树叶、树皮等材料粘起来，形成一个半杯状的巢穴。

普通夜鹰
Caprimulgus indicus

夜鹰目·夜鹰科 LC

从名字来看，不熟悉普通夜鹰的人会以为它们是猛禽，可不要被它们的名字欺骗，虽然它们的名字中有"普通"两个字，但一点都不普通。

喙偏黑

虹膜褐色

♂

▲ "贴树皮"

形态特征

  普通夜鹰的羽毛很柔软，雌鸟和雄鸟羽色相似，通体几乎为暗褐色，它们可能就在你身边，可是你却找不到，它们可是很厉害的伪装大师。雄鸟喉部有一块白斑，雌鸟的喉部有一块皮黄色白斑。

 **繁殖行为**

　　每年的 3 月到 5 月，普通夜鹰就进入繁殖期，它们会在黄昏和晚上重复地发出 "chuck" 的鸣叫声。它们的巢很简陋，或者不能称之为巢。它们会直接把卵产在地面的苔藓上。

　　📍 **分布图**

　　▨▨ 夏候鸟

▲ 巢

 生活习性

　　普通夜鹰在白天的时候喜欢伏在草地上呼呼地睡大觉，或者紧贴在暗褐色的树枝上，一动不动，暗褐色的羽毛在树枝上不容易辨别，所以很难发现它们，"贴树皮" 这个名字就是这样来的。它们喜欢在晚上活动，是个典型的 "夜猫子"，所以它们的眼睛和瞳孔都很大。普通夜鹰的飞行速度很快但不会发出声响，它们会在空中不停地往返飞行。

▲ "LED 灯"

你知道吗？

　　夜鹰的眼睛能发光，是安了LED灯吗？

　　夜鹰目的鸟类视力都很好，有着大大的眼睛，在眼睛的视网膜后面有一层由虹彩色素组成的视杆细胞（可以把光能转换为电能），所以它们的眼睛在夜晚时能发光。

欧夜鹰

Caprimulgus europaeus

夜鹰目·夜鹰科 LC

欧夜鹰白天的时候眼睛总是眯着，但在晚上那可是一双闪亮的大眼睛。

虹膜褐色

髭纹白色

♂

◀ "胡须"

C. e. europaeus

137

 特征概述

　　在中世纪的欧洲，人们认为欧夜鹰是一种会吃山羊奶的鸟，所以把它们叫作"吸羊奶的鸟"。我们的祖先曾把欧夜鹰称为"蕨丛中的猫头鹰"，因为它们在白天会一动不动地伏在蕨丛中睡觉。

形态特征

欧夜鹰的长相平平，没有艳丽的羽毛，全身以棕色为主，身上满布棕色的杂斑和黑色的条纹，就像枯叶的颜色。欧夜鹰的嘴巴很宽，有利于它们在晚上捕食飞行的昆虫，而且嘴部的"胡须"可以完全伸展开，帮助它们感知猎物。

分布图

▨▨ 夏候鸟

◀ 巢穴

▲ 睡觉

繁殖行为

每年的5月到7月，欧夜鹰就进入了繁殖期，当雄鸟遇到心仪的雌鸟时就会发出"弗弗"的声音。欧夜鹰的巢很简单，会直接把卵产在地上。雄鸟是一位很称职的爸爸，会和雌鸟一起孵卵，其他时间会去警戒巡逻。

生活习性

欧夜鹰的叫声很奇怪，像是沉闷的拖拉机声。这种叫声有时会持续10分钟之久，这是它们在和同伴联络；它们在遇到危险的时候还会发出"quoik"的警告声。

你知道吗？

欧夜鹰为什么会不停地移动它们的巢穴呢？

说是巢穴，其实都太过夸张，因为欧夜鹰的巢穴太过敷衍。之所以要移巢，是为了避免太阳把幼鸟晒伤，同时也为了避免人类的干扰。

四声杜鹃

Cuculus micropterus

鹃形目·杜鹃科  LC

四声杜鹃的叫声是以四声为一度。

眼圈黄色

上喙黑色、
下喙偏黄绿色

♂

▲ 觅食

特征概述

  四声杜鹃的叫声可以传得很远，在 1 千米左右的地方都能清晰地听到。它们的叫声抑扬顿挫，十分有趣，被玩出很多花样，常被形容为"快收快种""光棍好苦""不如归去"等，也是相当百变了。四声杜鹃喜欢在天亮之前和黄昏的时候鸣叫，有时候甚至会叫一整晚。听着这么规律且悦耳的鸣叫声入眠，也是十分惬意。

📍 分布图

▓▓▓ 夏候鸟

▲ "鸠占鹊巢"

◀ 鸣叫

形态特征

四声杜鹃的雌鸟与雄鸟羽色相似。它们的头顶部、后颈和上胸部为深灰色，背部和尾部相对较浅，沾有一点棕色，下体至下胸部是白色并且有黑色的横斑。四声杜鹃的脚趾是两趾向前、两趾向后，这是典型的对趾足。

你知道吗？

你知道一只四声杜鹃一个夏季能吃多少条毛毛虫吗？

四声杜鹃光是一个夏季就能吃掉10000多条毛毛虫，而这些毛毛虫会严重危害农业和林业。显然，四声杜鹃是一种益鸟，可是它又会伤害"养父母"的宝宝，这种双面性，也是比较罕见的。

 繁殖行为

四声杜鹃会堂而皇之地将自己的卵产在其他鸟类的巢中，由其他的鸟代替它们抚养子女。而且还会将养父母的孩子推出巢穴，这也就是所谓的"鸠占鹊巢"了。

大杜鹃

Cuculus canorus

鹃形目·杜鹃科 LC

大杜鹃的食量很大，喜欢吃一些松毛虫和毒蛾等，可以称得上是位称职的"松林卫士"。

眼圈黄色　虹膜黄色

◀ 觅食

♂

 文化链接

　　大杜鹃的叫声很响亮，虽然与四声杜鹃属于同一家族，但不同的是，它们的叫声是二声一度。"bu-gu"，听起来像是"布谷"，所以又称它们为布谷鸟，是我们所熟悉的"春之使者"。

繁殖行为

有一些鸟会把自己的卵产在其他鸟的巢中，从而由这些"养父母"代为养育。大杜鹃就是这样的一种鸟。雌鸟会本能地选择出一些"养父母"，它们

◀ 鸣叫

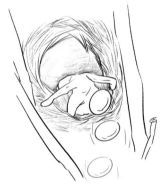

▲ "排除异己"

产的卵与自己的卵颜色相近，而且宝宝食性类似。然后就会密切监视着这些"养父母"，待它们外出的时候，就迅速把自己的卵产在这些"养父母"的巢中，而且只产一枚，最后还会将"养父母"自己的宝宝推下去，这一系列"偷梁换柱"的过程仅需10秒，动作之娴熟让人惊叹。杜鹃的宝宝一般要比其他小鸟破壳的时间早一些。惊人的一幕发生了，为了得到"养父母"更好的照顾，杜鹃宝宝会把还没有破壳的卵推下去，这恶劣的基因真是强大，小小年纪就懂得"排除异己"。

📍 分布图

▨▨▨ 夏候鸟

你知道吗？

杜鹃啼血，是真的吗？
"其间旦暮闻何物？杜鹃啼血猿哀鸣。"这句诗出自白居易的《琵琶行》，其中描写到杜鹃的哀鸣，古人认为杜鹃因太过悲痛而啼血，其实是因为它们的口腔是血红色的，在鸣叫的时候会露出血红色的口腔。

142

戴胜

Upupa epops

犀鸟目·戴胜科 LC

在古代，"胜"指女性的一种头饰，而戴胜头顶的羽毛和这种头饰很像，就像是戴了一个"胜"一样，所以称为戴胜。

虹膜褐色

♂

▲ 冠羽展开

143

形态特征

戴胜的头部长着 28 根带有黑白边缘的棕红色冠羽，冠羽平时背在脑后，像是"大背头"，当它们感到开心、遇到危险或是面对心仪的异性时才会打开，发型突然就会变成"朋克风"。

繁殖行为

每年的 4 月，戴胜就进入了繁殖季。格斗胜出的雄鸟和心仪的雌鸟会共同筑巢，它们会寻找一个天然树洞，并且会加深树洞的深度以确保雏鸟的安全。

📍 分布图

░░░ 夏候鸟

▲ 喂食

生活习性

▲ 日光浴

你知道吗？

戴胜妈妈为什么会把粪便涂在自己宝宝的身上？

第一，为了保护宝宝的安全，让捕猎者远离它们；第二，在未孵化出的鸟蛋上涂抹粪便会减少细菌的滋生，提高宝宝的成活率；第三，在宝宝出生后，使得它们的羽毛更鲜艳。

戴胜又被称为"臭姑鸪"，是名副其实的"司厕之神"，想必你会好奇外表如此华丽的鸟儿怎么会有这样一个别称呢？原来戴胜的尾脂腺会分泌出一种带有恶臭的油状液体。除此之外，它们还会将排泄物堆在巢里，毫不注意"个人卫生"，再加上叫声听起来是"咕咕"的声音，所以被称为"臭姑鸪"。可能因为身上的细菌太多，戴胜总是会做一个尘土浴或者把头向后伸展享受日光浴。

蓝翡翠

Halcyon pileata

佛法僧目·翠鸟科 LC

蓝翡翠会把猎物带回巢穴，饱餐一顿。这样的话，巢穴不久就会变脏，所以成鸟就会用水来清洗巢穴。

虹膜暗褐色

喙珊瑚红色

♂

▲ 并趾足

形态特征

　　也许你会看到一道蓝色的光芒飞进水中，几秒后又冲出来，这就是蓝翡翠。它们穿着蓝紫色的羽衣，里边搭了一件棕红色的"毛衫"，后颈部的白色形成一道领环，好像戴了一条白色的"围巾"；头部和枕部像是戴了一顶黑色的"礼帽"，举手投足间散发着贵族气。

蓝翡翠的足很短小，三个向前的脚趾基部大部分并在了一起，是典型的并趾足。虽然不适合在地面上行走，但在建筑巢穴时，可以帮它们有效地掏出泥土。

▲ 捕食

夏候鸟

生活习性

蓝翡翠会选择土壤松散的地方建造巢穴，它们会利用自己的特殊技能悬停在空中，然后向前猛冲，用它们又直又长的嘴巴敲击土壤，直到凿出一个小洞才肯罢休，然后用它们小巧的足掏出泥土。这个洞会笔直地向前凿50厘米至100厘米左右，然后才会筑室。

▲ 巢穴

你知道吗?

你知道蓝翡翠会用什么垫窝吗？鸟类通常会用草叶和羽毛等柔软的东西垫窝，而蓝翡翠会把它们未消化掉的鱼骨和鱼鳞垫在窝里，然后在上面产卵。

蓝翡翠常单独活动，领地意识很强，为了保卫自己的领地，会同敌人展开激烈的斗争。

普通翠鸟

Alcedo atthis

佛法僧目・翠鸟科 **LC**

普通翠鸟喜欢吃鱼，而且捉鱼时可以用"稳、准、狠"来形容，所以又被称为"鱼虎""鱼狗"和"叼鱼郎"等。

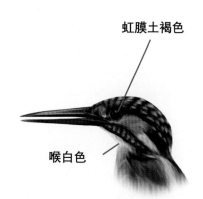

虹膜土褐色

喉白色

起飞 ▲

♂

形态特征

　　在普通翠鸟较小的身体上长着一张又直又尖的嘴巴，像刀子一般，可以快速扎到水里捕鱼。由于它们的尾脂腺比较发达，所以它们可以潜入水下1米的深度，而羽毛不会被水浸湿。它们的颈部也比较短，可以在捕鱼时有效地减少冲击力。

繁殖行为

每年 2 月，普通翠鸟进入繁殖季。雄鸟会小心翼翼地把鱼献给心仪的雌鸟，如果对方接过这条鱼，就会结为一夫一妻制的伴侣。

📍 **分布图**

留鸟

夏候鸟

▲ 求偶

生活习性

普通翠鸟的领地意识比较强，它们会在各自的领地单独活动。它们常会停栖在水边的岩石或树枝上，注视着水面，头部向下倾斜，来回摆动，就像钟摆一样，你以为它们是在玩吗？其实它们是在判断水中猎物的距离。一旦发现猎物，便会俯冲而下，以每小时 90千米的速度捕捉猎物，然后把猎物砸向树枝，砸晕后再一口吞掉。

♀

你知道吗？

普通翠鸟是鸟类王国中拥有较高知名度的鸟类，它们的蓝色羽毛十分漂亮。正因如此，它们遭受了中国传统工艺——点翠的迫害，从而导致数量越来越少。虽然这项工艺已有2000 多年的历史，但需要从活翠鸟的身上摘取羽毛，给无数生灵带来痛苦。所以，我们应该认真思考动物保护和传统工艺之间的关系。

蚁䴕

Jynx torquilla

啄木鸟目·啄木鸟科 LC

在中国古代，啄木鸟常被称作䴕，所以蚁䴕就是一种喜欢吃蚂蚁的啄木鸟，也是啄木鸟家族中体型较小的一种。

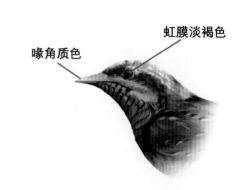

喙角质色

虹膜淡褐色

▲ 快速地扭动脖子

♂

J. t. torquilla

149

形态特征

    蚁䴕身上的羽色杂乱交错，黑白灰三色混在一起，就好像树皮似的，正因为它们独特的"隐身衣"，所以不易被发现。蚁䴕的脚相对较短，但是脖子十分灵活，它们的脖子可以快速地转动180度，在遇到危险的时候，经常会扭动脖子，所以它们又被称为"歪脖鸟"。

生活习性

蚁䴕性格比较孤僻，总喜欢单独活动。它们会像食蚁兽一样，用它们粘满黏液而且长有刺毛的舌头深入蚁穴，长长的舌头十分灵敏，可以伸缩自如地席卷整个蚂蚁洞。

▲ 捕食"利器"

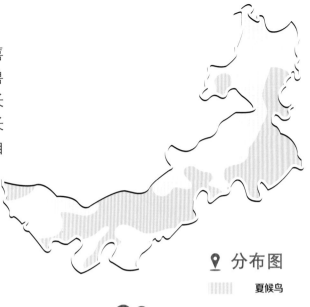

📍 分布图

▥▥▥ 夏候鸟

 繁殖行为

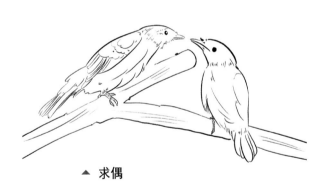

▲ 求偶

你知道吗？

蚁䴕为什么又被称为地啄木？
蚁䴕是啄木鸟家族中的一种，但是大部分啄木鸟的嘴巴就像钉子一样，可以"钉"进树干觅食，而蚁䴕的嘴比较短，适合在地面取食，所以称为地啄木。

每年 4 月底，蚁䴕就进入繁殖期。雄鸟之间不会像大多数鸟类一样为雌鸟大打出手，而是会在它们心仪的雌鸟面前，摆出各种各样奇怪的动作。起初，它们会把自己的身体极度拉长，将头部慢慢地向后转，直到嘴巴可以平放到背部，然后慢慢地将身体归到原位，再向反方向翻转。如此反复十几次，最终得到雌鸟的青睐，这种求爱方式简直是在表演一套高难度的"瑜伽"。

星头啄木鸟

Dendrocopos canicapillus

啄木鸟目·啄木鸟科 Ⓛⓒ

雄性星头啄木鸟的枕侧各有一个红色斑纹,如火花的样子,所以称作星头啄木鸟。

喙铅灰色　　虹膜红褐色

▲ 啄木鸟舌头

♂

151

形态特征

　　星头啄木鸟是体型较小的鸟类,身长仅 14 厘米至 18 厘米,又被称为小啄木。雌鸟和雄鸟的羽色相似,不过雌鸟的枕侧没有红色的斑纹。它们的翅膀是圆形的,有利于在紧急情况下躲避障碍物,还有助于在靠近树木时平稳"着陆"。星头啄木鸟的舌头很长,上面不仅有倒刺，而且布满黏液，有利于深入昆虫的洞穴内部捕食。可即便星头啄木鸟的舌头很长，也有一些昆虫的洞穴无法抵达，此时它们就会用嘴巴敲击树干，让躲在里边的小虫子误以为四面受敌。

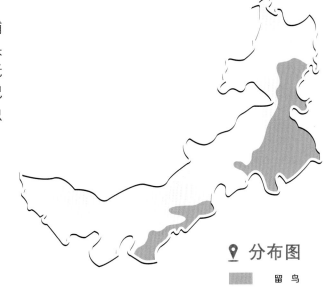

📍 分布图

▨ 留 鸟

▲ 飞行

繁殖行为

每年的4月份，星头啄木鸟就会变得特别活跃，开始进入繁殖期。找到心仪的伴侣后便会一起凿洞、筑巢、繁衍后代。它们每年只繁殖一次，一次产卵3枚至6枚，而且每天只产1枚，并由雌鸟和雄鸟共同孵化。小宝宝正属于成长阶段，所以需要吃很多东西来补充营养，它们的父母每天要往返飞行一百多次为它们觅食。

♀

你知道吗？

星头啄木鸟的舌头到底有多长呢？
星头啄木鸟的舌头可以绕头骨一圈。

152

小斑啄木鸟

Dendrocopos minor

啄木鸟目·啄木鸟科　LC

小斑啄木鸟的雌鸟与雄鸟体色相似，不过雄鸟的头顶是红色，而雌鸟是黑色。

头顶红色　　虹膜红褐色

▲ 筑巢

♂

153

D. m. amurensis

 繁殖行为

　　小斑啄木鸟经常单独活动，但是在每年的 4 月初，雄鸟就会高频地发出"pee-pee-pee-pee"的声音向心仪的雌鸟求爱，它们在树冠间飞来飞去，很少沿树干活动。

结为伴侣的小斑啄木鸟就会共同在枯木上啄洞，建筑新的巢穴，洞口多为圆形，距地高 10 米左右。此后它们常会成对出现，为哺育后代而来回奔波。

求偶 ▶

📍 分布图

▮ 留鸟

生活习性

◀ 觅食

小斑啄木鸟喜欢吃一些藏在树干中的昆虫，所以它们会经常敲击树木，由此啄木鸟便有了"大树医生"的美誉。而在它们啄食过的地方，其他小鸟还可以找到一些食物，所以啄木鸟在森林生态系统有着举足轻重的作用。有一些啄木鸟除了会给大树"看病"，还会把大树啄出一个大洞，从而影响树木的生长。

你知道吗？

大斑啄木鸟和小斑啄木鸟的区别，你知道吗？

大斑啄木鸟的腹部和臀部是很鲜艳的红色，而小斑啄木鸟腹部是白色。雄性大斑啄木鸟的枕部是红色，而雄性小斑啄木鸟的头顶部是红色。

154

大斑啄木鸟

Dendrocopos major

啄木鸟目·啄木鸟科 LC

大斑啄木鸟全身以黑白两色为主，肩部和翅膀上各有一大块白斑，所以被称为大斑啄木鸟。

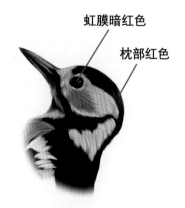

虹膜暗红色

枕部红色

▲ 对趾足

♂

D. m. cabanisi

 形态特征

155

　　雄性大斑啄木鸟的枕部为红色，而雌性的头部几乎为黑色。幼鸟的头顶是暗红色，慢慢会转为黑色。它们的足是对趾足，两个朝前两个朝后，外趾可以转向身侧或者身后，在敲击树干的时候起到固定作用。

繁殖行为

每年的 4 月份，就会听到雄性大斑啄木鸟频繁地发出敲击树干的声音，它们这样猛烈地敲击树干，其实是在吸引异性，并向其他雄鸟宣示主权。

📍 **分布图**

███ 留鸟

◀ 巢穴

♀

生活习性

大斑啄木鸟的嘴很坚硬，长短、粗细恰到好处，它们会把锥子一样的嘴穿透树皮，敲击树干，并发出 "katatatatata" 的声音，从而可以准确判断出昆虫洞穴的位置，然后将长长的舌头伸入洞中，捕食猎物。它们敲击树干的声音可以传到很远。大斑啄木鸟喜欢吃一些树皮下的昆虫幼虫，偶尔会吃一些干果。

你知道吗？

大斑啄木鸟在敲击树木的时候木屑会进入鼻孔吗？

当然不会啦，不然它们怎么给大树"治病"呢？大斑啄木鸟的嘴毛会把外鼻孔覆盖住，就像戴了一层口罩，防止木屑进入。

156

灰头绿啄木鸟

Picus canus

啄木鸟目·啄木鸟科 (LC)

灰头绿啄木鸟的眼睛就好像
是一块亮丽的红珊瑚，十分
漂亮。

头红色   虹膜红色

guerini 亚种组

♂

▲ 求偶

157

繁殖行为

    每年的 5 月份就是灰头绿啄木鸟的繁殖期，雄鸟会发出 "jiu-jiu" 的声音
绕着雌鸟飞行，然后停在心仪的雌鸟旁。它们还会轮流孵卵，轮流喂食。当
鸟宝宝羽翼丰满的时候，它们会鼓励孩子们勇敢地飞行。

生活习性

灰头绿啄木鸟的嘴非常坚硬，有利于敲击树木。它们每秒钟可以敲击树木20次左右，力度大且频率高。在敲击树木的时候，它们头部所受到的冲击力是很大的，相当于宇航员

📍 分布图

▨ 留鸟

巢穴 ▶

♀

在火箭起飞时所受压力的250倍。在如此强烈的冲击下，它们也不会有脑震荡或者是感到头痛，这是为什么呢？

原来灰头绿啄木鸟已经进化出一套极好的"保护装置"，就像是戴了一顶安全帽并且还系着安全带一样，可以保护自己完全不受伤害。它们的"安全帽"就是厚实的头骨，结构疏松，里面充满空气；而"安全带"就是它们的舌头，灰头绿啄木鸟的舌头又细又长，极具韧性，可以环绕头骨一周，是一种非常有效的减震装置。

你知道吗？

灰头绿啄木鸟的"家"是什么样子的呢？

灰头绿啄木鸟会在树干10米高的位置啄出一个椭圆形的洞作为巢穴。而且巢穴的尽头会有一个专门放置卵的地方，由雌鸟和雄鸟共同看护。

158

本书参考了以下书籍:

1. 郑光美.鸟类学（第二版）.北京师范大学出版社，2020.

2. 刘阳，陈水华.中国鸟类观察手册.湖南科学技术出版社，2021.

3. 聂延秋.内蒙古野生鸟类.中国大百科全书出版社，2011.

4. 西班牙 So| 90 出版公司.鸟类Ⅱ.陈怡婷，董青青，译.天津科技翻译出版有限公司，2018.

5. 多米尼克·卡曾斯.鸟类行为图鉴.何鑫，程翊欣，译.湖南科学技术出版社，2021.

6. 雅丽珊德拉·维德斯.鸟类不简单.张依妮，译.长江少年儿童出版社，2020.

7. 维基·伍德盖特.奇妙的鸟类世界.朱圣兰，译.湖南美术出版社，2021.

8. 英国 DK 公司.DK 生物大百科.涂甲等，译.中国工信出版集团，2013.

9. 斯蒂芬·莫斯.鸟有膝盖吗？.王敏，译.北京联合出版公司，2018.

10. 阿曼达·伍德，麦克·乔利.自然世界.王玉山，译.长江少年儿童出版社，2018.

159